【"食在广州"主题的网络动漫创作研究】

李小敏 著

中国 • 广州

图书在版编目（CIP）数据

粤品滋味："食在广州"主题的网络动漫创作研究 / 李小敏著．—广州：暨南大学出版社，2020.12

ISBN 978-7-5668-2971-9

Ⅰ.①粤… Ⅱ.①李… Ⅲ.①饮食—文化—广东—通俗读物 Ⅳ.①TS971.202.65-49

中国版本图书馆 CIP 数据核字（2020）第 178889 号

粤品滋味："食在广州"主题的网络动漫创作研究

YUEPIN ZIWEI: SHIZAI GUANGZHOU ZHUTI DE WANGLUO DONGMAN CHUANGZUO YANJIU

著　者：李小敏

出 版 人：张晋升
责任编辑：古碧卡　刘碧坚
责任校对：黄　球　陈皓琳
责任印刷：汤慧君　周一丹

出版发行：暨南大学出版社（510630）
电　　话：总编室（8620）85221601
　　　　　营销部（8620）85225284　85228291　85228292　85226712
传　　真：（8620）85221583（办公室）　85223774（营销部）
网　　址：http://www.jnupress.com
排　　版：李小敏
印　　刷：广州市快美印务有限公司
开　　本：787mm ×1092mm　1/16
印　　张：7
字　　数：100 千
版　　次：2020 年 12 月第 1 版
印　　次：2020 年 12 月第 1 次
定　　价：60.00 元

前言

广州，作为中国南部重要的沿海城市，具有人文地理、经济文化等得天独厚的优势，自近代以来，经历史舞台中风云岁月的重大洗礼后，逐步从南蛮之地，成长为具有国际风范的现代化城市。作为土生土长的广州人，每当我漫步城市街头，穿梭于灯红酒绿的夜市或高楼林立的商业区，往往感慨万千，联想沧桑历史变迁，触摸今日之繁华，不禁为这座城市感到自豪。我热爱广州，细细想来，或许言之不尽，可以画代之，于是便有了绘画广州的想法。当然，要做广州文化的创作课题，找到一个能体现个性特色的热点最为关键，若让广州人从多个选题中落实其中一个，其实并不难，估计大多数广州人会聚焦“食”的话题，或许这是广州人天性使然。我在想，若结合丰盛美味的美食主题，垂涎欲滴之际，下笔呈现一番，必定身心皆欢欣愉悦！

据说，老广人爱吃，讲究吃，也敢吃，因此成为国人的“为食”（粤语，意为贪吃、爱吃）代表，其名亦早已蜚声海内外。近些年，出国的机会多了，我流连于国际大都市，逢大型唐人街总能找到三两粤菜茶楼，叹（意为享受，慢慢品尝）几盅好茶美点，总亲切得不能自已，自觉别人家的千好万好，论美食仍比不上自家的好，远隔重洋，若不是好东西，怎能把这美食风尚漂流到此扎根。话说回来，美食走出去固然好，这迎进来的也不少，许多老广人常念叨儿时的经典粤菜如今已难得一见。现在东西南北菜系涌入老城区，使得传统粤菜味道变了，十分可惜。这个问题如何说呢？在我看来，百年前成就粤菜的就是对外交流贸易中产生的开放和兼容态度，若不能秉承海纳百川的精神，那粤菜也就失去了发展创新的动能，因此“变”是常态，是事物发展的必然途径。"食在广州"无人不知，而成就这一美誉的是广州人身上蕴含的内在性格——敢闯敢干，开放包容，也正是这种特质，不仅成就了美食，也成就了这片土地在经济、文化等方面的繁荣发展。画美食，表达美食，就不能只有美食，作为创作者，下笔就应该把优秀传统文化与时代气质相结合，既体现在画面内容上，也体现在形式表达和传播载体的选择上，这才能让作品获得超越视觉观感的精神感染力，只有做到这点，才不枉创作者辛勤耕耘一场。"食在广州"的研究，起源于同饮珠江水的朴素情感，在大时代背景下，我也深深认识到作为新一代文艺工作者对弘扬优秀本土文化的使命感和责任感，因而更坚定了这一课题定向。

2016 年，我联合志同道合的团队成员，成功申报了广州市哲学社会科学发展"十三五"规划课题"'食在广州'主题的网络动漫创作研究"，终于让这一创作想法落地，我如愿以偿，对于这次主持课题的机会，心中满怀感激！一年半的研究中，我们团队进行了大量的社会调查，结合内容分类和手法尝试进行创作实践，其中包括个人创作，以及结合教研工作指导学生团队参与创作，同时进行了理论的分析，以形式手法的创新与对应的实践成效做比较，以此指导创作路线的制定，其实质也是专业水平提升的过程。

以下为研究报告中对本课题的介绍：

本课题以网络动漫形式表现"食在广州"的主题，从实践创作出发，探讨形式表达及文化推广的问题。研究针对线上形式的重点，突出网络技术应用中的交互性与多媒体的整合性，同时也参考了传统动漫的艺术创作原理对视觉表达进行了深入的探讨，通过各种创新手法和综合借鉴，以视觉为主，混合听觉、触觉等感官刺激，促成味觉的通感效应，实现美味的线上呈现。研究中，我们强调情怀表达和文化推广的核心目标，让相关主题深入人心，促使读者用户在阅读和应用中产生精神碰撞，达到同甘共味的情感共鸣，从中展现广州朴实真切的人文气氛和开拓进取的时代魅力，从而提升广州作为历史文化名城的知名度和软实力。

本课题研究从申请到获批，再到深入研究，忙碌的日子匆匆而过，如今，在结题审核通过之际，回顾研究和创作过程，我感慨良多，尽管并非处处完美，但其经验十分值得认真总结。这次研究成果出版成书，我经过多次勘稿整理，在修正和思考中，正好发现不足之处。借此终结点，可作为新起点的有力基石，为日后的研究提出新的要求与未来的展望。目前我的另一相关课题已经启动，其仍旧立足于广州文化于信息时代的动漫呈现，旨在关注当下，结合市场应用，以新思想、新平台、新技术对优秀传统资源进行包装推广，作为本课题的内容延展，新课题的研究领域将更加开阔，难度也大为提高，然而有了前期的研究经验，我们自然信心满满，期待努力之下有更丰厚的收获。

李小敏

2020 年7月

图1 《莲香饼家》（伍俊澎 绘）

目录

目录

绪论

广州的饮食文化源远流长，它从市民日常生活的层面体现出这座城市别具一格的内在人文气质，其中包含的形色和味道带着情感和温暖，具有沁入人心的精神力量。作为本土的动漫工作者，我们认识到“食在广州”的主题创作是一个能让广州地域文化情结得以尽情倾诉的自由舞台，通过画面的营造，可以让读者品味到广州生活的精彩、细腻，体会到饮食文化的博大精深，从地方文化传承与推广的角度来讲，这一课题研究无疑是极具现实意义的。

一、研究背景

广州，地处珠江三角洲中北缘，是西江、北江、东江三江汇合点，南临南海，北倚南岭，成背山面海、江流汇集之势，自古就是重要的政治、经济中心。东西碰撞及南北融通的文化交流环境，形成此处独特的人文气质与生活方式，而且本土特有的地理环境和气候条件盛产各式风味食材，让这座历史名城的餐桌上呈现丰富绚丽的盘中盛景，由此让广州获得"国际美食之都"的美誉，扬名于海内外。

近年来，广州着力打造国际化大都市的形象，"食在广州"作为靓丽的文化名片，各类宣传活动开展得如火如荼，在文化推广和旅游咨询方面起到了积极作用。其中，动漫作为大众喜闻乐见的形式，饮食题材作品的出品数量及质量近年呈快速上升趋势，内容涵盖饮食推介和美味故事的诉说，它们或静或动的画面表现生动，达到万千美味看得见的视觉效果，为本地特色文化的宣传添上浓重的一笔。如漫画图书《老广新游之一盅两件》[①]《炭烧老广》[②]等，画面生动，内容诙谐有趣，颇具人气热度，受到广大读者的追捧，可见动漫作为"食在广州"的宣传手段，是大有可为的。

从目前业内概况来看，相关主题的动漫创作正处于传统媒体向新媒体转移的阶段，出品主要来自个人和小型团体，原采集于传统媒体的漫画和动画，随着传播渠道的拓宽而转载于网络，其中，发布的主体也以自媒体为主。它们的选题大致分三类：名人名店的介绍、名菜的烹饪及相关典故，内容较为通俗，总体呈现快餐式小品的精炼特点，符合青少年及外来旅游者在短时间内了解本地餐饮文化的需求。而画面表达上，色彩大都采用鲜艳明快的暖色

① 大话国．老广新游之一盅两件[M]．广州：广州出版社，2013.

② 火精灵．炭烧老广[M]．广州：花城出版社，2008.

调，造型饱满轻松，力求突出岭南传统文化中热烈、自由的个性特征。

进入信息化时代，动漫与网络的结合，随即产生新的媒体表达语法及手段，让广式饮食的文化传播进入与时俱进的新纪元，值得注意的是，网络动漫并不止于传播通道及载体的简单转换，它具备更多的新型技术因素，包含多媒体整合、多元动效及交互参与的特性。如 HTML5 的广泛应用，使得移动终端的动漫作品随时随地获得关注和参与，更接地气，从而赢得人气，因此，它对主题的呈现，具有更丰富的表达优势及传播优势。创作中，作品通过角色塑造、内容整合等手段，达到味觉通感的形成，以丰富的形式表达，为本土文化的精彩演绎打开新的艺术空间，让老广人回味，也让外地人着迷，由此实现文化的诠释与拓展。

当前，网络动漫创作方面的理论研究在业内开展得如火如荼，本课题围绕“食在广州”的主题进行网络动漫创作，在主题切入性的实践活动中推进理论探索，同时又让基础理论回馈指导实践，以检验其可行性与效能性，一定程度推动了该类型创作的研究发展，也为日后相关课题的开展提供了有效的理论参考与案例借鉴。

二、研究的目的和意义

（一）研究目的

本课题的研究力求发挥网络传播的特点，以动漫形式展现“食在广州”的主题内容，调用多元形式，促成视听结合和动静相交，混合交互及多媒体模块，最大限度地通过网络平台展现“色、香、味”俱全的舌尖美味，并介绍行业历史及名人名店等文化内容，从中体现出南粤名城——广州的地域风情与城市精神。作为创作者，我们应该通过艺术与技术相结合的适应性调整，使作品更好地服务于地方优秀文化的推广应用，这也是本课题研究的核心目标所在。

1. 推动动漫艺术与网络技术的结合，呈现美食精髓

作为视觉艺术创作工作者，对"食在广州"的表达就是要调动形式语言的多重优势，通过艺术解构和渲染加工，诠释舌尖美味，呈现国际美食之都的斑斓盛况。美食从来讲究"色、香、味"，网络媒体作品的丰富表现力，正好为其提供了多样化、多层次的感官体验，营造出视觉、听觉、触觉一体化的艺术表现模式，无论是直表美食的形象、味道，还是对美食故事的娓娓道来，都能通过手法的组织运用达到淋漓自如的表达。"食在广州"是城市魅力的一个亮点，以网络动漫形式传播美食的过程，内含美感营造和技术运用的综合把握，通过外化的形式表达，制造美味的联觉效应，诠释食物的美好，向读者传达愉悦的精神感受，并留下鲜活的味道记忆。

2. 通过广州饮食故事的诠释，传播城市的魅力文化

饮食男女，总离不开一日三餐，谈饮食，"色、香、味"是性质的外化，而内里则需要看深层的文化底蕴。人是制作美食的主体，也是品味美食的主体，从食物上体现的，实际是人的内在性格和气韵。宣传地方美食，离不开对地域文化生活模块的分解与展现，因此，"食在广州"的主题创作，本质上也是对广州城市精神的某种诠释与表达。可以说，我们从食物中看到的是广州人的生活方式，品味到的是广州人的生活态度，当然，纵向来看，这许多文化元素又都可溯源至远古时代，历史长度足以构成完整、立体的文化体系，这些都是构成城市魅力的精彩元素。对本研究而言，网络动漫形式的美食主题创作，目的并不止于简单的食物介绍，我们认为，真正能洞彻人心的是精

神的悟道与情感的共鸣，透过美食故事的积淀，呈现广州人深层精神境界的内核，传达乡情、人情的温润滋味，让读者领略到本土文化的精髓所在，这才是作品精神内核的至高境界。

（二）研究的意义

（1）通过实践与理论的双向研究，探讨网络动漫对特色文化表达呈现的多形式解决方案，为日后业界的同类创作提供一定的学术参考资料。我们知道，人对美食的追求与生俱来，但如何表达，如何通过艺术和技术的共同作用呈现其中的精华所在，则需要专业人士运用一定的技法和手段来实现，其中表达层面和角度是多元的，因此形式也是多样化的。本课题就是要通过实践研究，透析新媒体下该主题创作的思路与过程，解决艺术表达和技术操作的具体问题，从中总结出有效的、系统化的创作手法及途径，促进相关理论的完善。

（2）从实践出发，创作出一系列具有一定艺术价值和实践价值的作品，为广州建设历史文化名城的宣传推广贡献一份源自动漫界的正能量。本项目中开发的实践作品，包括漫画、动画、H5、表情包、网络游戏等，其中较多包含探索与实验价值的元素，而具备成熟条件的作品是公开发布的，并在固定网络社交平台上进行宣传，读者可自由选择浏览及转发，而平台也认真对待收集到的反馈信息并积极改进，努力完善自身创作，以优秀作品的呈现为本土优秀文化的发展添砖加瓦。

三、研究的主要思路

本课题围绕“食在广州”主题进行原创作品的设计与制作，从实践角度探讨地方特色文化在新媒体中创作语言的表达，考量其过程中媒体技术应用与功能作用融合的问题。

（一）以作品形式技法研究为基础

将饮食主题设置到网络动漫创作中，包括手绘漫画、动画短片、表情包及 H5 交互作品等表现应用形式，塑造具有主题代表性的角色形象，带动动漫品牌的建立，同时促进多效果的融合，让读者在生动有趣、富有美感的作品中获得深刻体会，产生深入体验的意向。

（二）以平台建设支撑发布与推广

团队在动漫创作的同时，建立网络平台，定期发布系列主题作品，并进行一定的线上宣传，通过该平台模块的自由组合与个性配置，实现多种数字形式的集合呈现，并使网络作品发布得以自主更新及维护，有利于研究进程的实时推进和灵活调整。

（三）以实践创作推动理论的创新

本课题的主题创作为理论研究提供了实验的空间，促进理论体系的完善，同时也可以检验理论的实际成效。团队在前期策划中建构一定的研究框架，并列出创作分题，逐步实施，其中总结出新的心得体会，加以分析和凝练，提出具有一定学术价值的理论观点。

四、研究的特色与价值

在 2017 年 3 月发布的《广东省贯彻落实国家〈“十三五”旅游业发展规划〉实施方案》中，政府对“旅游信息化提升工程”提出了详细的工作指导意见，要求大力扶持“互联网旅游业”的服务性项目建设。在此指引下，我们的旅游辅助产品大量从实体形式转为线上形式，特别是旅游线路的宣传及线上产品的开发被推上市场前沿。作为重要的旅游资源，广式饮食的各种线上旅游指引及虚拟体验项目，存在极大的需求空间，促进了大量创作人员对该项目的积极投入。

本课题的研究以实践探索为先导，从技术路线上来说，具有“传统＋创新”的特点，即在传统动漫艺术表现的形式基础上，突出与新载体的技术差异性，并以此作为突破口，寻找归纳出问题解决的新方案。其中创作的作品既要讲究美感营造，又要富有内容趣味性，结构中增加交互模块的建设，从单向的信息传递转化为双向的互动，提高受众的主动参与意向，让作品呈现更为开阔的视觉空间和情感体验空间。

本课题的研究价值在于有效利用现今最热门的载体形式，调动网络动漫的流行特性，以生动活泼的语言表现生活主题，产出大众喜闻乐见的作品，在轻松氛围中有效吸引读者，其传播方式也有利于受众的低成本转载，实现知识性、趣味性的大众文化推广效能，而研究过程总结出的学术成果也完善了相关理论的体系建设，为行业理论水平的整体提高做出了一定的贡献。

五、本课题的阶段性成果

（1）李小敏．“粤饮粤食”在网络动漫中的多维呈现[J]．美术大观，2018(7)：112-113.

（2）李小敏．基于情感体验的“食在广州”H5动漫设计[J]．美术教育研究，2018(19)：86-88.

（3）李小敏．网站“食在广州”[EB/OL]．[2017-11-01]．http://lxmlxm.com/diet.

第一章 美味主题与动漫语言的契合

“读图时代”下，动漫作品的成功有赖于创作者对主题的深度认识，充分考虑受众需求和传播效应，寻求各方契合的制高点，由此，我们仔细研究了广州饮食文化的内涵和外延，从纷繁的饮食素材中分门别类地进行整理和提炼，并对应动漫语言的特点，进行了内容形式的分析和匹配，力求让创作达到完美艺术表达与高效传播的双赢效果。

一、“食在广州”的历史渊源与文化解读

老广人谈起饮食，往往滔滔不绝，可三天三夜侃侃道来，可见“食在广州”内容之丰富，群众基础之深厚。

从历史来看，早在新石器时代，珠江三角洲的地势已经形成，毗邻江河又背山面海，土地肥沃，自然资源丰富，考察大量古代文物得知，早至先秦时期，广府一带就有“靠山吃山，靠海吃海”、主事稻米耕作的生活习惯，可见这里确实水土丰盈，富养一方。随历史步伐的前行，广府地区的社会和经济走向繁荣，至秦汉时期已奠定了对外开放的根基，汉武帝的对外贸易政策促使海上交流长足发展，番石榴、番薯、菠萝蜜等众多引进的农作物大大丰富了广府餐食的品种。至此，餐桌上“海、陆、空”立体式的食材规模便已初步形成，民间流行一个说法，笑称“广州人除了飞机、板凳之外，凡天上飞的、地上四条腿的东西都能煮了吃掉”，这话夸张可笑之余，形容确实贴切在理，高度概括了广府地区食材丰富，且人人爱吃、人人敢吃的饮食特点，展现了本地平民化、生活化的城市气息。

到明清期间，广府一带农业兴旺，商业发达，人民生活水平得到了快速的提升，为岭南饮食文化的发展提供了内在动力。另外，广州作为清代重要的对外通商口岸，日常商贾宾客云集，让此处更添四海融通之气，促进了饮食口味上的交流与渗透，也极大提升了本地的餐饮烹饪水平，至民国时期，广府菜被统计出的烹饪方法已达 20 余种，形成独树一帜的著名菜系。此时，为了应对日益增长的饮食行业竞争压力，不少商家耗费大量精力从事菜品的研究，开发烹饪新法，提高口感质量，打造特色菜和招牌菜，因而成就了大批名店、名菜和名厨，业内呈现空前繁荣的景象。民国十四年（1925），《民国广州日报》刊出文章中言道“食在广州一语，几乎无人不知之，久已成为

俗谚”，此言一出便引起社会广泛热评，“食在广州”不胫而走，由此，广州奠定了这一美名的江湖地位。

“食在广州”的成功，很大程度取决于广州人开放兼容的精神境界与处事方式，他们善于包容各地的外来文化，接受不同的饮食方式，学习工作中取各家之长，因时应境实现自我提升，因而能开拓出更宽阔的视野，收获事业的成功。进入 21 世纪，广州的饮食江湖在历史长河中已然发生巨变，但广州人对食物的热衷却不曾衰减，当然，新的社会环境和经济环境下，人们生活方式的转变也加速了饮食习惯的异化，呈现出新的特点。纵观当下，驻扎广州的外国餐厅林立，饮食外卖、网上点餐等服务的兴起已成业内常态，亲朋好友相聚用餐，除了百尝不厌的传统广府菜之外，大可选择新鲜的异地口味，潮州菜、客家菜、湘菜、川菜、鲁菜等，随处都能找到相应食肆，尝新念旧任随君便，可见广州餐饮市场的新格局已然形成。

如今，“食在广州”的内涵早已超越了民国时代所定义的范畴，当我们再面对这一主题时，许多富有当代意义的新味道和新习惯已悄然登上生活的舞台。因此，笔者认为，“食在广州”的主题作品，内容不必局限于广府菜系的味道诠释，而应放眼于百味汇集、百家齐聚的时代境况，以创作来实现生活常态和行业特色的艺术概括，呈现出魅力广州的精神核心与深层的内在品格。

二、着笔于“色、香、味”内外

“食在广州”文化底蕴深厚，“色、香、味”故事林林总总，我们将该题材的动漫作品按内容划分为共四个大类：美食推介、美食地图、烹饪宝典和故事延伸，它们有时以单一类型出现，有时则综合兼顾、互相渗透，各有特色和精彩。

（一）形与味的呈现——美食推介

创作者在画面上直接描绘广式美食，从形态品类及色彩搭配的展示，延伸至食客品尝滋味的介绍，这是同类作品中最常用的内容表现方式，市面热卖的美食图谱就属于这种类型。作品最大的特点就是利用动漫手法制造味觉通感，演绎食品风味，无论是街头小店或大牌茶楼的产品，凡特点鲜明、名声在外的都一一细数，其用料、色泽、外观的描绘生动可人，味道透过联觉效应展现诱人的姿态。一些作品还会通过对餐饮环境及食客特写，侧面烘托食物风味，看环境，知档次，观食客，知优劣，让画面层次更加丰富，阅读的趣味性也得以有效提升。

图1-1 《干蒸烧卖》（赖卓雅 绘）

图1-2 《莲蓉月饼》（赖卓雅 绘）

实际上，动漫中轻松自然、讲究意趣的艺术语言，与广州饮食特色的表现有着与生俱来的气质契合，它没有重彩的艳丽和工笔的严谨，看似活泼随性的风格恰好表现出广州饮食文化平民化、生活化的特质。当然，凭优越的地理条件，丰富的地区物产，广州餐桌上名贵海鲜之类并不稀罕，星级酒店的珍品名菜让人垂涎，夜市排档的美味也能留香，各处滋味自有各处特色。况且让本地人津津乐道的经典饮食，很多就出自寻常食材，如老火靓汤、粥粉面、一盅两件之类，都是普通百姓的三餐之物，不以名贵自诩，只求素日可品，餐餐如是也不至于厌倦。我们的动漫创作，在此观念下经营画面，生活化、大众化的场景与人间烟火浓郁的食品代表了广州人心目中美味的直观形象，小题材表现大氛围，小餐桌表现大行业，这就是"食在广州"最基本的内容呈现。

（二）寻味东南西北——美食地图

美食地图是近年较为热门的一个表现门类，成为"地图"，自然离不开美食所在地地理位置的标识，这些地点可以是烹饪该菜式的名店，也可以是食材出品的产地，根据具体情况，美食所在地的地名、位置、交通信息等会在漫画地图中标注出来。值得注意的是，不少传统美食出于制作工艺原因，对环境和材料都存在具体的要求，其制作方式及扬名过程都离不开它们特殊的起源位置，这让地图介绍的价值更显得必要和重要。比如"艇仔粥"是广州黄埔古港及荔枝湾地区著名的粥品，过去由渔民在小艇上经营售卖而得名，香绵粥底配合虾米、鱼片、鱿鱼、海蜇等上十种用料煮制，口感丰富，深受大众喜爱。从用料到售卖方式，艇仔粥充分体现了岭南地区水上人家的饮食特色，依傍江流海边，自然取材于水中，这样的生活习俗让我们品尝到人间美食，虽然不是山珍海味，但品尝中能获得惬意无穷的乐趣，足可见地理位置对食物制作的重要性。类似这样的地图，要说明美食的起源，道出制作的精妙，利用位置标识的优势，配合文字及图形的灵活表达，便可实现一目了然的轻松诠释。

作为创作者，我们总希望美食地图能包含更多内容，但传统纸质地图所提供的空间实在有限，大都只能交代地理位置和提示交通信息，而从地理信息延伸出去的故事却无法包容。在网络时代，线上地图的优势是非常突出的，多媒体热点链接的展示方式，让空间无限延展，且图文并茂，有视听语言配合，让地图功能得到充分扩展，为游客读者提供便利的寻味咨询服务。

（三）看动漫学做菜——烹饪宝典

图1-3 《华景路口美食店》（李小敏 绘）

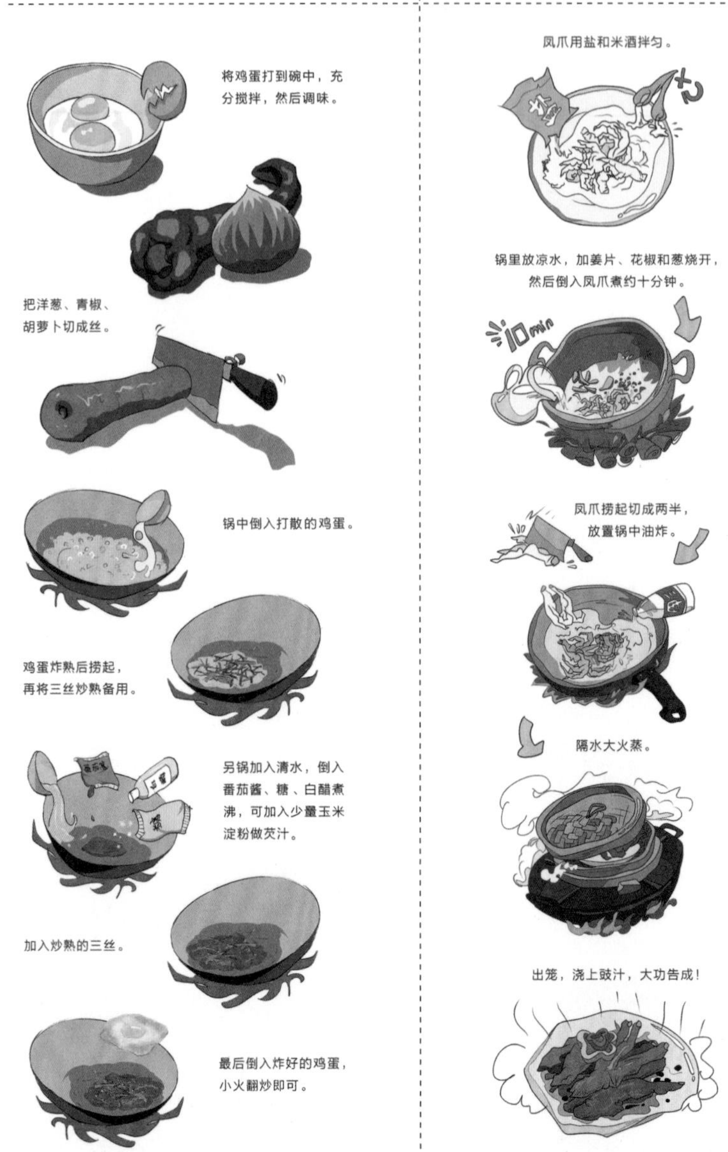

图1-4 条漫《漫画食谱》（陈林铎 绘）

动漫烹饪宝典近年在业内是较为热门的，将经典菜式的用材及加工方法用动漫形式绘制出来，并配以一定的文字讲解，这类作品的画面处理轻松有趣，以细腻平实的语言、丰富有序的素材表现粤菜创新务实的烹调理念，为各位好吃之人介绍美味的制作方法，具有实用和娱乐的双重价值。烹饪宝典中的菜式大都是家常菜，适合读者在家随学随做，作品有时会配上家庭主妇或饮食名人等动漫形象作为虚拟角色，通过他们的动作和语言设计，介绍烹饪细节和阐明观点，同时丰富了表达效果，拉近画面与读者的心理距离。

从专业严谨度方面衡量，我们很难将美食动漫归类为厨师烹饪的学习用书，图画的自由随性和文字的简短活泼，使它更倾向于娱乐休闲类读物，满足人们短期旅途或日常消遣时快速阅读的需要。这种通俗化特点，我们大可参考一些以图书为载体的作品，如日本著名漫画家高木直子的《不靠谱的饭菜》就很受年轻人的喜爱，作者以绘本形式介绍自己独居时的自创菜式，看似随意的内容，没有烹饪专业的严谨，也没有美食大师的权威，以女性对一日三餐的细腻感触与生活心得为素材，绘制出对生活的热爱，并将这份热爱传达给读者，因此赢得了广泛的共鸣。每当人们问及年轻女读者的阅读感受，她们大都会嫣然一笑，亲切形容图画的可爱，然而能否按照此法烹饪出美味菜肴，却并不在意，因为在她们心中，烹饪的美妙感觉是第一位的，而烹饪漫画的画面总能模拟出这种轻盈和温情的感觉，让人心情愉悦。

网络动漫中的食谱作品，除了常见的漫画和动画，大可以延伸出更丰富的形式，比如烹饪类的闯关游戏，互动环节中嵌入实质性的厨艺知识，能让玩家在娱乐中学做菜，好玩又有用。而游戏中，有趣的画面和生动的动漫形象，加上优美的影音元素，能让人在紧张的学习生活中放松情绪，娱乐身心，因此，这类作品在年轻群体中备受欢迎。

（四）解读文化精髓——故事延伸

广州城历史悠久，自古商业和文化的对外交流频繁，拥有独立的方言系统，人文气息浓厚，人们对饮食的重视，自然体现在社会生活的方方面面，日常轻易就能找到与饮食相关的契合点，内容不止涉及食物的味道、制作和消费，还有与之相关的信仰、艺术、道德、法律、风俗以及人们掌握的技能、知识等。比如，广州的不少文艺作品，包括诗歌、谜语、谚语、童谣、戏曲等，就有不少有关食物的内容，从中可窥见饮食生活的形色百态，如著名小吃或菜式的由来、餐饮名店的创始历程、名人与饮食的趣闻、市民生活的饮食经历等，故事中有历史事件的加工，传说或神话的嵌入，以及民间生活场景的再现，文化内涵相当浓厚。

实际上，优质的创作素材往往见于日常生活，并不见得都是曲高和寡的奇货，它们通俗易懂，具有良好的群众认知基础。以岭南佳果荔枝为例，就有唐代杜牧的诗句"一骑红尘妃子笑，无人知是荔枝来"，还有粤曲名段《荔枝颂》等，此类名句及曲艺作品的民间流传度和知名度高，包含的视觉意境丰富，读者品味句子，其画面的色彩、形态等艺术形象就能轻盈跃然眼前，对艺术家的创作具有极大的启发性。且看"一骑红尘"是历史传说与现实想象的结合，可将名人故事从远古带入当下，宫廷美人加上快马荔枝的组合如此浪漫，让人产生奇妙的联觉反应，顿时让舌尖甜味更足，进而沁入心田。而《荔枝颂》是著名粤曲表演艺术家红线女的代表作之一，是每个广州人耳熟能详的唱段，人们茶余饭后若声情并茂地模仿一句超高音的"卖荔枝"的唱词，立刻感觉心情畅快……我们将这些文字、音韵内容转化至视觉呈现，加入动漫夸张、幽默的元素，让原作精髓在形式媒介转换后得到意蕴表达的延伸，使食物蕴藏的人文温情溢出画面，精准投射到读者的内心，可见，这类文化资源确实是创作中不可多得的素材和灵感源泉。

图1-5 《一骑红尘妃子笑》（陈林铎 绘）

图1-6 《荔枝颂》（赖卓雅 绘）

三、食品分类的多面呈现

广州饮食文化历史悠久，博大精深，涉及层面广，创作策划中对其内容素材进行整理是至关重要的，其中包括分类归纳和典型抽取的工作。研究中，我们按广州的饮食名店、地域菜系、饮食习俗、蔬果茶酒等几个方面进行分组，并将典型代表抽取出来，发现其中具有一定的对应关系，类型近似或成对比，将它们不同的细节画面汇聚起来，以小见大，以局部充实整体，便可条理性地搭建出相应的主题架构。

（一）名店出品与街头小吃

广州人大都是地道“吃货”，有钱没钱一样会吃会玩，名店名菜有派头、有韵味，地道小吃也有滋味、有趣味，因此星级食府和平民小店的共生共荣也代表着广州饮食的两极特色。如《品味广州酒家》（图 1-7），画面表现聚焦于岭南园林风格的店面环境与粤式饮茶文化的习俗上，传统特色的红木雕花装饰，灯火闪烁的豪华宫灯，还有风味各异的百样名点，充分突出了星级名店的优质服务优势与大器格局，高雅端庄之气迎面而来。而另一幅《猫记艇仔粥》（图 1-8）的作品则以表现黄埔古港市井生活的街头小吃为主，画面让人领略到普通民众平实自在的生活气息，小店里一些本是素日最为普通的食材，经收集和加工后，也可变身美味可口、闻名内外的食品，这种朴素的复合味道，正好反映了广州城市濒临海岸的地缘文化及旧日水上人家朴素知足的生活理念。当然，广州作为具有平民化精神与现代化理念的城市，这里所谓的星级并不等于过分的奢华与高调，它们或许是传统品牌与文化情怀的延续，而街头小吃也不见得是名不见经传的糊口之物，它们也带着特定的文化渊源和舌尖魅力，可见，名店出品与街头小吃都是广州味道不可或缺的特殊构成，是生活多样化和市场层次化的真实体现。

图1-7 《品味广州酒家》（陈林铎 绘）

图1-8 《猫记艇仔粥》（陈林铎 绘）

（二）原生菜式与外来风味

作为"食在广州"的核心部分，对广府原生滋味的演绎自然是最重要和主要的，其中可以以茶楼文化为典型代表深入创作。尽管动漫作品无法做到面面俱到地展现八珍鲜味在蒸、煮、煎、烫下的各碗各盘、各笼各碟，但特色名点如烧卖、虾饺、凤爪等确实是极具形色诱惑的美味，配合人物角色在品尝中的神情姿态，其画面表达可让美味的感觉自然溢出，广味十足。另外，我们应该注意到，对"食在广州"的探讨，顾名思义重在研究广州的饮食生态，若将研究只局限于广府菜，那便是理解上的狭隘和偏颇，因为广州本来就是外向型的城市，素来八方宾客来往频繁，近百年随人口向中心城市的大量迁徙，不少外来菜式被呈上广州餐桌，善于学习的广州人从味觉的尝新和适应中，逐渐转为融合改良，进而推陈出新。基于这一特点，"食在广州"的漫画创作选题有必要考虑对一些进入广州饮食生态的外来食品进行介绍，表现出广州饮食文化的包容和博大，同时这也是本地文化的真实写照。比如潮汕菜和客家菜，实际它们与广府菜同宗同源，合为粤菜的三大风味组合，在广州地区拥有强大的饮食群体，无论是家常煮食还是食家烹饪，都是本地最让人熟知的，味道的区域界限被打破后，所有已然形成粤菜的共识。漫画作品的主题中，原生味道与外来味道的共同关注，体现了广州人对自身文化的自信心、自豪感及开放包容的积极心态，是艺术创作对"食在广州"深层意义的准确定位与开放理念的诠释。

图1-9 《红烧乳鸽》（陈林铎 绘）

图1-10 《早茶点心》（赖卓雅 绘）

（三）岭南蔬果与清茶美酒

广州地处岭南，气候温热多雨，农作物出产丰富，一年四季蔬菜水果供应不绝，夏秋之季有荔枝、龙眼等果实之王，冬春时令也有甘蔗、香蕉之类。每至炎炎夏日，秋虎未去之时，菜地里万千丰硕气象，即便北方已是白雪皑皑，风霜覆盖之际，身处广州的人们仍能看到城郊屋外自然生长的青青菜苗。品尝蔬果是喜悦的、甜美的，三五知己一起品尝，讨论起自家如何挑选上品的心得，切磋如何滋味搭配的乐事，一时感觉口中甜酸甘苦尽是乐事。如《清明甘蔗》（图 1-11）中，人们围着榨汁机团团而聚，充分享受季节带来的美味之际，内心也满载着幸福，身为岭南人的自豪感与满足感通过画面表达得淋漓尽致。另外，广州人素有清茶素饮、美酒小酌的习惯，茶楼用茶免不了品上一盅，亲友相聚小酒交杯也更显热闹。广州市区虽然自身并不盛产茶叶和美酒，但由于商品交易和货运的便利，一直以来这里都是茶酒供应的集散地，其中，周边区域的一些名特产就自然成为本地餐桌上备受欢迎的品种，比如广东米酒、糯米甜酒、白毛茶等，若问出处，由于异常熟悉，广州人甚至能强说为自家出品，全无区域概念，说来也十分有趣逗笑。漫画《广东米酒》（图 1-12）中，创作者将酒的香醇和甜美体现在人物角色享受的表情和陶醉的肢体语言中，对米酒的钟爱之情从夸张的画面中不言而表，酒罐倾泻而出的不只是美酒，更多的是品味的快乐。而《特级白毛茶》（图 1-13），表达的是某种清新的田园气息和生活乐趣，将日常种茶、制茶与品茶的场景融合进同一画面，达到视觉畅游的境界，实现茶味悠香醇厚的味觉联想。广州人的饮食生活总是多姿多彩的，大有可圈可点之风味，岭南佳果、菜篮丰盛值得推崇赞颂，而茶香、酒香作为生活情趣的润色也格外多彩，我们的动漫画面中，快乐陶醉的表达是第一呈现重点，因此大量夸张的演绎并不为过，读者会心的微笑已是对创作者最佳的回馈。

图1-11 《清明甘蔗》（陆玉萍 绘）

图1-12 《广东米酒》（陈林铎 绘）

图1-13 《特级白毛茶》（陆玉萍 绘）

图1-14 《清明节烤乳猪》（赖卓雅 绘）

（四）节庆饮食与日常三餐

广州人在平常日子里就讲究吃，倘若条件允许，每天都能吃得像过节，但在真正的传统节日中，总是有特殊之处。过去由于物资匮乏，一些珍贵食材在节日期间才有机会享用，如今人们生活水平大大提高，农副食品的生产和运输能力得到长足进步，食品资源丰富，但大家仍热衷于节日美味，实质是昔日朴素情怀的一种寄托，这里满载着家的味道、人情的味道，汇聚了团圆的欢乐。如漫画《清明节烤乳猪》（图 1-14）中，特意把重点放在分切制作的场景上，品尝固然快乐，但家人朋友欢聚一堂，欣赏和参与过程中，享受亲情和友情最和谐幸福的时刻，才是真正让每个广州人珍惜和怀念的闪光点。与节日相反，我们的一日三餐，时常是简单的、快捷的，但也是知足的，广州人面对食物，即使是平常一餐，也乐于品味每餐的滋味过程，从不敷衍。工作日里，普通小店提供了工作午餐，与同事边吃边聊，又或利用休息时间看着娱乐节目下饭，忙碌之际，人们总能以食物之美充实生活。而下班后由家人亲自下厨的晚餐，更值得疲倦一天后慢慢品尝，鱼肉汤水下肚，慢慢收拾餐具，仔细洗净，日复一日，却温馨和舒适。可见，作品画面中无论是节庆饮食还是日常三餐，内容汇聚的无非是人物—食物—情感的三者关系，无论艺术创作中手法如何高超、形式如何创新，其最终表达的目标仍是最为简朴的爱与信念，饮食就是生活，这也是“食在广州”的核心概念。

四、创意策略应合不同受众的多样化需求

饮食话题的大众化属性决定了“食在广州”的文化感知是多元的，创作中把握读者的兴趣点和阅读目的是作品获得成功的关键之一，创作者必须抓住食物与不同受众心理需求的内在联系，才能设计出打动心灵、符合市场需

图1-15 《广州酒家》（陆玉萍 绘）

求的优秀作品。我们对读者受众的研究，一般需要进行来源地和年龄层次的分析，还可以从阅读目的等方面进行探讨，以此为依据，在编绘时才能有针对性地规划内容侧重、确定载体形式和风格倾向。

（一）地域来源

来自不同地方的读者，选择作品内容的目的是不一样的。根据调查，一方面，外地读者对“食在广州”的关注大都集中在旅游资讯方面，作品适合做成导游手册的类型，风格倾向于一目了然的分类检索形式，内容涵盖特色餐饮概述、名店名厨推介、交通出行指引等，方便外地读者在短时间内了解广州的饮食生态，提高读者对旅游文化的兴趣，让动漫作品起到消费指南和旅游指引的作用。另一方面，本地读者对相关作品的关注除了满足服务功能的需求外，更有内心情怀的驱动，他们乐于从作品中寻找怀旧元素，情结定位于食物所延伸的情感故事。对广州人来说，美食是最真切的记忆存根，无论是儿时上学路上必买的咸煎饼，还是恋爱时在珠江边吃到的田螺粥，唤起的是某种从舌尖沁入心灵的味道记忆和情感记忆。这时，动漫中描绘的或许就不单是食物，而更多是关联时间、人物、地点因素的情景，种种细节经营，诉说着人们同饮一江水的情愫。当然，情感性是人类共同的特质，外地读者在故事解读中，也会顾彼而念己，享异地美食，在赞叹之时往往想到的是自己的家乡和家乡美食，同样的移情，同样将美食作为寄托情怀的介质，因而同样具有治愈心灵的功效。由此看来，食物主题的作品具有跨地域的良好市场适应性，但由于需求的侧重不同，情感呼应的形成路径不同，创作中创作者的主观构思会影响一定群体的阅读感受，因此市场反应也会不尽相同。

（二）年龄层次

随着创作内容的扩展和承载媒体的增加，动漫不再是低龄儿童及青少年的专利，受众人群在各个不同的年龄段都有分布。一方面，“食在广州”属于通俗性生活题材，本身就有全民化的属性，在紧张的都市生活下，成年人可以用动漫娱乐放松心情，以美食缓解压力，因此看图读美食无疑具有广阔的市场前景。另一方面，随网络技术的急速发展，不少动漫元素进入各类热门操作平台，如订餐系统、购物系统、社交系统等，覆盖生活的各个方面，其中美食动漫形象的吉祥物、广告、表情包随处可见，各年龄层的人只要使用网络平台，都不可避免地会接触到，而事实证明，它们具有装饰美化、推广宣传的作用，因而受到了广泛的认可与欢迎。 当然，在实际应用中，由于不同年龄群体有着不同的心理特点和需求，因此作品的内容、形象特点及作品篇幅都会有不同的设定。比如，中年人群对养生、保健类饮食的推介及家庭菜式的烹饪方法等较为热衷，也愿意花费较多的时间去深入研究某一关键问题，因而，作品篇幅可以适当加长，动漫加入文字及音视频等元素，储存更详细的资讯内容，以提高内容的专业度与可信度。相反，针对低龄儿童的作品，由于受众注意力集中时间短暂及认知处于发育阶段，无论是网络游戏或动画都不适宜持续时间过长，内容也不能过于复杂，应以简单快速完成任务为目标设定。因此，受众年龄结构对创作策略的制定存在一定的影响，从创意构思阶段就有必要进行讨论、综合考量与恰当定位，才能锁定目标受众，并赢得市场。

（三）职业背景

人的职业会影响其生活方式和生活习惯，包括上网习惯、工作学习、社交娱乐、购物消费等，可被网络全方位包围的时代，每个人不可避免地接触网络，只是职业造就的使用互联网时间并不相同而已，因此不同的职业人群对饮食类网络动漫的可接触度及感受性是不同的。以网络餐饮广告为例，动漫作为表现形式，在众多以摄影摄像展现视觉效果的作品中，具有活泼、生动的特点，自然成为广告宣传的热门手段。而根据不同职业人群的分类，动漫广告的内容和风格则各有所侧重。朝九晚五的上班一族，通勤路上对手机的依赖性是最大的，而午间短暂休息时也热衷于手机娱乐，以短视频或情景剧目解闷的概率比较大。同时，早晚及午间人们往往饥肠辘辘，到了饭点，自然会对饮食题材的网络信息产生兴趣，头脑会非自觉地搜寻"去哪里吃""吃什么""什么最美味"等热点词汇，快餐美食类作品在这一时段的定制推广是最理想的，直接、简单的美食介绍和订餐信息发布可以获得理想的效果。当然，如果读者是自由职业者，其情况就大不相同，由于可自由分配的时间更多，他们对各类宣传的关注并不集中于某个时段，而更多是随机地无意识接收，收看时间和地点都具有较大的不确定性。另外，自由职业者当中有很大比例从事广告、设计、开发等工作，属于创造力极强的脑力劳动群体，动漫对他们而言，既是其关注的热点，也是重要的休闲娱乐方式。自身对美感和创意的敏感性，让他们更容易被高视觉冲击力的作品吸引，而高劳动强度及容易昼夜颠倒的工作特点，也使他们更热衷于形式简单、轻松幽默的内容。

如此可见，饮食动漫作品，对不同职业的人群来讲，其关注点及效能情况是不同的，根据细微的心理适应因素，创作的策略也因此有所不同。

五、方寸间的形式表达

广州饮食主题的网络动漫创作，是新媒介支持下的文化演绎，具有艺术与技术结合的特征，从艺术方面来看，它以造型和色彩构成虚拟世界，承载人物、情景和故事等丰富内容；而从技术方面来看，网络为动漫提供了动静结合、交互联通的新媒体平台。作品中，我们诠释食物味道、分享制作秘密，从讲故事到抒情感，都需要形式表达的灵活运用，而画面色彩和造型风格、图形间的逻辑关系、创意手法的运用等应如何服务于主题表现，这是我们课题研究的一个重中之重。

（一）联觉效应下的风味营造

在网络动漫作品中呈现美食，可以借助读者的联想，让多种感觉彼此沟通、交错，以视觉、听觉或触觉表达味觉的感受，这实际是心理学中的联觉效应在发挥作用。一方面，广式食品崇尚“清鲜”，品味中着意食材的鲜淳本色，所以制作时较少使用浓烈酱料。另一方面，广州人讲究养生，烹饪中的清蒸、慢炖、出水、细煮等手法也造就出菜肴素雅清淡的滋味，而食物中少量刺激味道也容易被中和与过滤，因此广府菜口感较为清淡。动漫作品对这种感受的视觉转换是可以通过造型和色彩营造的，使之“观其色而知味道，度其形可知口感”，淡雅清新的用色，真切自然的造型，是广州味道的真切表现。当然，这里的淡雅，并不指色彩的黯淡无光，视觉上过于“寡淡”必然造成食

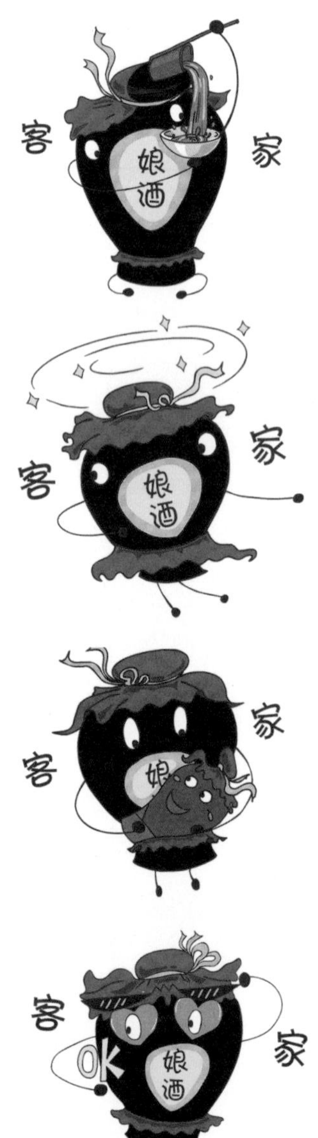

图1-16 表情包《客家娘酒》"酒罐篇"（陆玉萍 绘）

欲的下降。粤菜的食材丰富多样，烹饪手法复杂多变，因此其菜肴的色相和彩度搭配也倾向多样化，"清"应该理解为对比的柔和，减少焦躁色彩对视觉的刺激，营造整体的调和与润泽，这才是粤菜淡雅的准确表达。再有，我们在使用触摸屏幕阅读作品时，手指轻按或拨动食物的动漫图案，若能配合相应饮食动画或声音，受到感官刺激的力度也会加大，舌尖碰触的通感更容易形成，演绎味道的感受升级为多元立体形式，这样便能达到切身体验模拟食物咀嚼的美妙效果。

（二）拟人、夸张和比喻等手法的运用

拟人、夸张和比喻是创作中常用的修辞手法，灵活恰当的应用不但能起深入论述、强化说明的作用，更有生动画面、烘托气氛的功能。如表情包《客家娘酒》"酒罐篇"（图 1-16）中的酒罐就长着四肢和五官，学着酿酒和倒酒的样子，这样的拟人形象就是创作者丰富想象下的艺术结晶，可爱的外形与呆萌的动作相结合，让随处可见的黑笨陶罐焕发出喜人的形象魅力。我们运用艺术修辞手法，其灵感可以从生活的体验中通过细致观察与大胆想象来获得，也可以来自其他艺术作品的启发，如文学、音乐或舞蹈等。如《一个荔枝三把火》（图 1-17）中，为了表现荔枝性热的特点，将过量食用后引起虚火上扰的

不适，画成人物咽喉的大喷火。实际上，中医认为的“火”是人体营养失衡而出现的症候，是内热的一种比喻，视觉化演绎将人体对荔枝的过敏症状提升至夸张的形象呈现，突出了咽喉肿痛的病症与刺热的主观感受。又如同样是荔枝主题，在《荔枝三结义》（图 1-18）中，引用了“红关公、白刘备、黑张飞三结义”的谜语段子，原比喻手法在漫画中再加修饰呈现，生动表现出红皮、白肉、黑核的色彩效果。漫画中随处可见的修辞手法运用，创造了极强的画面感，其动漫图像的生动转化有效赢得了读者的青睐，并留下深刻的形象记忆，在艺术创作中应用极广。

图1-17 《一个荔枝三把火》（杨寅斐 绘）

图1-18 《荔枝三结义》（陆玉萍 绘）

（三）图形同构对复合意念的创造

图形同构是视觉设计的常用手法之一，动漫作品中对其运用往往能造就出各种富有创意的艺术效果，动漫中的比喻、拟人修辞手法，其构形实施的基础往往就是同构，它是一种创意思维方式，也是一种构成手段。创作中，我们以不同的事物建立形体上的组合，实现信息的交换，表达新的语义，其目的是以反常规的视觉形象构造情理之中、意料之外的艺术效果，将事物内部性质的一致与外部逻辑的不一致统一起来，传达客观原型难以企及的深层意念。以同构作为信息沟通的桥梁，创作的核心是要找到物象之间相似或存在内部联系的结合点，再考虑叙述方式，即视觉语法的问题，如何选择和处理取决于我们的思维模式，其过程从联想开始，经历逐级推理演绎，最终完成视觉形象的表达。在动漫创作中，同构常被作为打破时空局限的手段，特别是在单一静态画面中需要讲述多个故事的时候，就有必要将不同时空的景物再按一定的组织布局进行嫁接，以实现新意念的构成。比如《双皮奶》（图1–19）的画面，把小吃摊位的外形做成碗勺状，碗里面是加工小吃的厨房，而外部是售卖的现场，内外呼应，让观者一目了然地了解到双皮奶的制作特色和受欢迎程度，用简单的处理手法，解决了复杂的画面时空问题。

图1–19 《双皮奶》（陆玉萍 绘）

图1–20 《炸糖环》（陆玉萍 绘）

（四）网络交互与多元形式的集合

对于动漫作品，网络的意义不仅在于提供了传播的渠道，充分结合社会主流生活方式进行有效的文化推广，它还是作品形式多样化的技术基石，新的技术平台可以催生新的艺术语言和效果，以新媒体的方式实现食物的味道呈现与故事讲述，从而外化深切情感的表达。网络多媒体的技术特性集中表现于两点：首先是互动的，能通过网络为沟通渠道，进行实时或非实时的双向信息交流；然后，其作品形式是多元集成化的，拥有或动或静的效果及视音混合的多感官体验。较之于传统动漫作品，网络动漫拥有更广阔表达空间，形式的丰富让表达更畅快自由，而承载信息的体量也更巨大。饮食主题下，原本只有调动视觉感官系统来实现的味觉通感，在网络中，可以发挥听觉、触觉的共同作用，以多个感官功能联合体验促成味觉的转换，充分营造类似于舌尖刺激的美好感觉。这些多媒体形式，既可以是独立存在于作品中，也可以是多个形式的合体，而网络正是提供整合的平台，让它们得以内部沟通，相互发挥作用，综合表达层次复杂的文化内涵与精神实质。

（五）对信息化图表的手法借鉴

信息化图表是将大数据以图形的方式进行视觉化呈现，以图形代替文字和表格，可使复杂问题简单化，让阅读摆脱呆板枯燥的形式，增加趣味性，有利于内容的轻松理解与信息的快捷传播。广州饮食内容丰富，层次分类复杂，从单一局部点向外延伸，网络覆盖面广，以动漫形式进行展现，往往存在信息装载内存不足的问题，要实现内容的深度呈现和存量的扩容，我们有必要借鉴信息化图表对信息组织加工的手法。如一些饮食行业统计数据，或烹饪配料和加工制作的说明等，以漫画图形进行表述，可以超越文字语言的约束，让概念阐述更直观，相应的数据比较更清晰。我们在相关创作中，应把握住信息视觉化的重点，通过理性分析对关系复杂的内容进行梳理，分层次、拟重点、理关系，综合实现结构的简化和秩序化。如作品《广州大学商业中心受欢迎餐饮统计》（图 1-21）中，以色彩斑斓的代表性食物及人物画面，代表不同的餐饮分类，而简约的小人图标则示意人流，聚集的数量越多，表示客源越丰富，越受师生欢迎。图中文字不多，看图阅读理解的趣味性较为突出，给人一目了然的感觉。传统动漫作品在表达事件和情感方面是优势十足的，但论述和说明方面的建树并不明显，改进的关键在于理念的更新，对“食在广州”的动漫创作应将感性表达和理性呈现结合起来，让作品能讲故事的同时，可以通过具有数理和程序意义的代表性图形来摆事实、讲道理，这也是手法创新的途径之一。

图1-21 《广州大学商业中心受欢迎餐饮统计》（李小敏 绘）

六、始于味道而见于真情

饮食，对广州人来讲就是生活，餐桌文化是商务应酬的常态，更是辛勤劳作后享受美好时光的体现，合家欢聚的和谐，知己相聚的融洽，各自包含着每个人对自身所处环境的认识和态度。不同场合、不同人物和时间，对餐食的诉求不同，进食的心境不同，当然，所拥有的情感也不同。从文化的角度看，对食物方方面面的探讨，包括历史、技术、环境、习俗等，所有细节都是人们在日积月累活动中所得的经验结果，因此，我们以动漫形式表现饮食，其主旨最终仍归于以人为主体的情感表达。画笔下的一碗清汤、一碗米饭，又或是一道素菜，可能让人回忆起儿时的味道、亲人的味道、家乡的味道，所有技法、工具和平台不是研究的目的，而只是一种手段，其作用都是为了强化感官刺激，引导想象与联想，从而唤起味道记忆，引发情感上的共鸣。

在食物主题的创作中，传神的表达不应只有置身事外的客观描述，更应带有真切情感因素的主观呈现，并调用一切人、事、物的因素，结合恰当的艺术、技术手段进行加工渲染，才能达到感动人心的作用。如作品《鸡仔饼》（图 1-22）中，画面中央是嘴馋的孩童及硕大的鸡仔饼，起突出主题的作用，背景以巨大的可爱小鸡作为衬托，夸张的手法吸引读者的目光，尽管这种小吃与鸡本身并无关系，其形象仅仅是食品名字的直接演绎，但小鸡的可爱足以让人们感受到童趣的快乐。创作中我们往往会借助一定的第三方形象切入画面，它们可能是人和食物之外的其他客体，如一家店铺、一个汤碗或是一个炉灶，作为特殊介质起到讲故事、传意念的作用，而《鸡仔饼》中的介质正是小鸡这一形象。广州方言中，鸡是童真的代名词，我们将小学生称作“小学鸡”，将孩子故作老练的憨态称为“老鸡”，粤语童谣《鸡公仔》《何家公鸡何家猜》《氹氹转》将孩子放养小鸡的情景传唱于大街小巷，每当想起、唱起，都能让人暖暖地会心微笑，可见鸡在大量艺术作品中的存在并非只代表食材，还是童年纯真时光的记忆载体。《鸡仔饼》的画面中，巨大的小鸡身影是一种隐喻，它是藏于我们心底的某种情怀，倾注了对无忧无虑生活的怀念、对纯洁情谊的向往，它由百年传统美食的怀旧味道掀开，并直达读者的内心，这正是美食主题所要把握的深层意义和终极理想所在。

图1-22 《鸡仔饼》（赖卓雅 绘）

第二章　网络平台的应用

相对传统媒介而言，网络拥有交互和动态等的传播优势，其平台支撑能帮助动漫作品在表现形式方面实现更丰富的效果，推广渠道也更为开阔。然而任何平台都有特定的展示要求和技术限制，同样的作品在不同的终端展示，会带给受众不同的视觉体验，因而需要进行对应的分析评估，确定作品的适应性，并进行实践研究，包括作品创作及相应的设计调研工作。

一、网络技术下的表达优势

饮食是日常生活的一部分，爱吃的广州人不仅把它看作充饥之物，更赋予它精神追求的内在品格，从文化角度看，其内容构成层次丰富、元素复杂，考量色香味内外，从食品延伸至历史、社会、地理、民俗等学科的专业知识，何其博大精深，这种情况下，任何单一传统媒介下的动漫表现都具有局限性，难以涵盖其深广度。而网络环境下，作品的形式是多元的，静态可单幅亦可多格，动态可长可短，混合视听元素，更可达成交互，它集结各传统媒介的优点，实现表现形式和空间上的有力拓展，从这点来看，网络作品对广州饮食主题的多彩呈现，的确有着明显的优势。当然，在创作中，基于多形式效果的选择，设计手法也会更灵活，针对市场需求，作品的格式、风格、篇幅等设置都可按多样预设而组织变换。作为课题实验，我们尝试了多种形式的运用，反复验证不同手法对信息承载的效果和适应问题，在系列作品中，将味道加工、历史典故及名店名厨等素材进行分类，配以单幅和多格漫画、GIF 动图、H5 作品及动画短片等形式，分别对应不同层面、角度的内容，赋予不同的动静结构和互动功能，最后在网络中整合，形成一体化的综合作品，以多感官体验的形式为读者呈现绚丽多彩的文化盛宴。创作中，我们部分采用了同一篇目混合多种形式载体的结构，浏览过程中由于形式的组合变换，带来阅读中动静的交替、节奏的变换，而交互动作又促使视觉、触觉和听觉的联动，这些都会让读者在网页浏览过程中产生心理的动态效应，从简单的画面欣赏或内容欣赏进而上升到满足趣味需求的层次上，实现作品在情感带动中的跳跃。文化推广不是简单的事由说明和论述，动漫终究也是娱乐的一种形式，"食在广州"主题的创作中，通过网络技术的交叉整合，能让作品获得画面的美感、交互的畅快以及多种形式的趣味，极大提高了其艺术表现力和内涵深化度，给读者带来丰富多彩的阅读体验。

二、不同终端的平台类型

本课题中，动漫是文化的形式载体，而网络是推广和宣传的途径，再优秀的形式如果没有恰当的传播途径都是枉然，因此，对网络平台的特性把握也是一个重要的研究方向。目前，我们常用的网站以终端技术进行分类，可分为电脑端和移动端两类，尽管一些大型网站可通过技术处理进行数据布局，实现电脑大屏和手机小屏的同步适应，但不能否认的是，两者确实存在技术应用和设计编排上的差异，对信息传播的适应度也是不同的。我们要通过网络渠道展示美食动漫，不同平台对作品的承载会产生怎样的效能，如何扬长避短以达到最佳传播效果，这确实值得我们去认真思考和实践。

（一）舒适稳定的电脑端平台

当高速网络全面铺设，手机终端越来越高效便捷之际，很多人断言电脑端网站很快会退居二线，更简洁、更小巧的移动网站将称霸武林，然而事实并非如此，移动端用户的数量的确与日俱增，但电脑端网站的建设和发展却从未止步，仍活跃于前沿一线。这是由终端技术所决定的，电脑端在设计时会针对机器的运行性能而相应使用体积大且质量高的文件，适应大容量信息的密集传播以及高清的视像画面传输，在电脑大屏中畅游时，可让人获得更细腻自然、更富有冲击力的感官体验，无可否认，这是手机等移动设备无法比拟的优势。笔者认为，在以手机读图、看视频为时尚的今天，对平台的选择实质是人们在一定情景下自觉择优的结果，人们在进行欣赏、娱乐等网上活动时，如在休闲的室内环境下，有较为充裕和稳定的时间，大屏幕的电脑端会给人更舒适、满足的视听体验，相反，短时间内的碎片化上网则倾向于使用灵活便捷的手机移动平台。

图2-1 电脑端网站"食在广州"，http://lxmlxm.com/diet （李小敏 等 制作）

对于动漫作品来说，优质的视听呈现是让读者获得精神愉悦的重要因素，电脑端的平台显然在展示上更有优势，如我们表现美食地图等较为复杂的画面时，其丰富程度注定组织结构的庞杂，需要大屏幕的设计效果才有利于空间的舒展，让信息承载的体量和质量获得有效的保障。另外，广州饮食中崇尚色香味的烹饪风格，各式点心菜肴造型精致讲究，动漫画面的绘制可如艺术品般展现细节，引人垂涎，这时若缺乏充足的呈现空间，则是对作品效果的巨大浪费。当然，我们在手机中也能通过放大图片看清细节，但这毕竟在一定程度上破坏了画面展示的一体化效果，视觉体验上确实不能十足如愿，因此，使用电脑端在大屏幕上的浏览是受众欣赏动漫作品的视觉高配选择，也是创作者心目中无可替代的优质展示方式。

图2-2 微信公众平台“粤饮粤食动漫堂”（“粤饮粤食”团队 制作）

（二）便捷高效的移动端平台

当手机等移动通信工具及移动网络迅速进入大众生活时，人们使用移动平台进行交流已然成为主流，我们对移动平台的优势研究，着重于阅读便利性、用户广泛性、互动即时性以及媒体兼容性四个方面。从传播优势来看，移动设备具有灵活小巧、携带方便的特点，只要连通网络，随时随地可随心畅游，碎片化时间的娱乐或简单的服务性操作都是十分便利的。近年来，借助社交媒体的圈内推广及线上扫码等形式，移动端平台迅速占领线上平台的大量份额，以微信公众平台为例，截至 2018 年 5 月，其月账户活跃数量达到 350 万个，可见其强大的媒体传播优势。现在，年轻人乘坐交通工具或学习、工作的休息间隙，打开手机看动漫已然成为一种生活时尚，边看动漫边和网友实时分享阅读体验，交流心得，还能给作者留言，确实十分惬意。当然，除了专业动漫网站，还有不少餐饮消费平台在视觉界面中也会应用各类动漫形象，打造个性形象进行推广，吸引消费者的目光，因此，动漫在移动服务平台上的实际应用也得到了较好的开发。另外，随着移动设备软硬件技术的极速提升，移动平台可支持的多媒体格式越趋多样化兼容，其性能的集约性及特殊的触屏形式也促生了各种新媒体格式，如 H5 作品就是基于移动媒体技术的流行而诞生的，具有视音兼顾、趣味互动等特色，无论应用于饮食动漫类型的商业广告或艺术创作，其表现和延展的空间都具有十分可观的前景。

近年，最为热门的移动端网络平台无疑要数微信公众号，它由腾讯公司在微信品牌基础上发展起来，主要面向个人及各类机构提供线上推广的渠道，可定期向公众发布各类信息，包括文字、图片、语音、视频等内容。2017 年 5 月，本课题成员指导学生团队在微信公众平台上建设了"粤饮粤食动漫堂"公众号，由专人负责定期编辑更新和服务管理，至 2018 年 10 月，平台共发布专题十五期。该平台汇集了近百幅广州美食主题的动漫作品，均由学生在课余时间进行创作，内容涵盖从饮食推介到滋味故事，发布形式主要为漫画、动图及 H5 作品，借助微信平台的网络宣传优势，在有限投入的基础上获得了相对良好的专业赞誉度，至 2018 年 10 月，点击量累计约十万次，这也充分证明了移动端平台在传播力度上的强大优势。

三、依托网络平台进行的问卷调查

腾讯公司各大线上品牌的优势是技术上的互联互通，可实现调查、投票功能的转帖，这为“食在广州”作品创作方向的确定和改善意见的信息收集提供了一定的便利。2018 年 8 月，“粤饮粤食动漫堂”使用了“腾讯问卷”平台制作了一期网络调查，用户在微信平台通过二维扫码便可进入问卷页面。这份针对“食在广州”网络动漫主题的民意收集，问题分单选题和多选题，共九项。截至 2018 年 10 月 1 日 16 时，共获得 351 份答卷，系统在后台进行了统计，并得出统计数据，如下：

“粤饮粤食动漫堂”微信公众平台调查问卷

注：（　）内为统计数据

1. 您的年龄是：【单选】

A. 18 岁以下（2 %）　B. 18~30 岁（81 %）

C. 31~44 岁（13 %）　D. 45 岁以上（4 %）

2. 您的籍贯是：【单选】

A. 广州市（40％） B. 广东省（非广州）（45％）

C. 广东外的其他省份（15％） D. 外国（0）

3. 您对广州饮食主题的网络动漫感兴趣吗？【单选】

A. 感兴趣（90％） B. 不感兴趣（2％） C. 一般（8％）

4. 您是通过什么渠道知道"粤饮粤食动漫堂"公众平台的？【单选】

A. 朋友圈推荐（95％） B. 网络广告（2％） C. 其他（3％）

5. 您认为广州饮食中，哪个最有特点？【多选】

A. 饮茶（98％） A. 老火汤（60％） C. 小吃（65％）

D. 住家菜（16％） E. 粥粉面（75％） F. 其他（75％）

6. 您认为哪种形象较适合做广州饮食的吉祥物？【多选】

A. 人物（82％） B. 动物（12％） C. 花卉（5％）

D. 食品（78％） E. 餐具等器物（65％） F. 其他（40％）

7. 您接触过的广州饮食题材的动漫作品中，哪种形式更多？【多选】

A. 漫画（91％） B. 动画（65％） C. 小游戏（2％）

D. H5 作品（5％） E. 表情包（35％） F. 其他（11％）

8. 您认为本平台的作品最需要进行哪些方面的改进？【多选】

A. 动漫形象（20％） B. 更新速度（81％） C. 交互形式（50％）

D. 内容深度（88％） E. 其他（60％）

9. 您最期待"粤饮粤食动漫堂"增加哪些方面的主题内容？【多选】

A. 商家推荐（30％） B. 烹饪宝典（21％） C. 美食历史（79％）

D. 与美食相关的情感故事（54％） E. 其他（51％）

根据我们的分析判断，此次数据显示的结果相对客观真实，能反映社会群体的认知状况，对本课题研究有一定的借鉴意义。本问卷的调查推广，利用了广州高校学生微信朋友圈的转发渠道，采样群体以省内年轻群体为主，他们了解广州饮食的特点，热衷上网，也喜欢动漫，因此对相关题材动漫作品的接受程度也较高。在吉祥物代言方面，有 82％被调查者的选项为人物，原因在于食物的创造者和接受者是人，对食品产生情感的也是人，所以人物比借用餐具或食品（拟人化）的形象更具有典型意义。而在大众对广州饮食特点的认识调查中，饮茶的得票率最高，值得我们注意的是，广州的饮茶文化已于 2015 年入选市级非物质文化遗产名录，其味道及品种的多样性吸引了众多食客，因而汇集了较高的人气及获得社会认可。另外，被调查者对“粤饮粤食动漫堂”提出的一些创作建议也比较到位，如需要加强内容深度、增加美食历史内容等，均体现了被调查者的关注点和期望方向，其数据值得创作者高度关注和认真总结，在进一步深化创作时对相应环节加以调整和完善。

此类问卷调查是相当好的研究方法，有利于创作者了解市场、了解受众，实现作品的精准推广，因此在创作的各个阶段都极具意义，值得进一步探索与开发，以进行现象的取证与分析，为课题研究提供创作和改进的指引。

第三章　漫画烹制下的『粤式拼盘』

我们总说广州人喜欢吃，生活中所谓“民以食为天”，每日辛勤劳作，不过是“为两餐”，可见“食”是最能体现人们生活状态和精神气质的。以此作比拟，那文化背景下的“食在广州”便是一派东西南北融通、传统与现代共存的气象，由此绘制的漫画也正好是一道“粤式拼盘”。饮食总讲究“混搭”，酸甜苦辣，变化中夹杂无限可能，我们总会动用各式手法工具去调制、整合与烹制。漫画创作也是同理，各有各精彩，从形象提炼、表现侧重等方面，我们从多层次角度出发，将多样化效果拼接嵌入，整合呈现，力求为读者创造出更为丰富和愉悦的阅读体验。

一、漫画典型角色的混搭组合

作为饮食题材的漫画，创作者根据主题需要往往会为其设定伙伴类型的主角，以引领寻味旅程，完成故事情节的展开与问题的解答，人们在阅读中很容易将自我代入角色，跟随他们在漫画中行走，感受他们在文化探秘中的喜乐与振奋。因此，角色的定位实质是作品风格定位的第一步，创作者在“食在广州”作品中锁定的“混搭”风在角色的形象设计上体现得淋漓尽致，一定的文化根源和历史现实为相关的形象建构奠定了扎实的基础。

我们谈论“混搭”，这确实是广州城市的一个真实写照，其精神实质是“民族”与“国际”、“传统”与“现代”的交集融合。广州作为我国古代的通商口岸之一，早在秦汉时期就有海上的贸易活动，经唐宋时期的迅速发展，至明清时期已名扬海外，被誉为千年不衰的“海上丝绸之路东方发祥地”。20 世纪 80 年代，改革开放的浪潮让这座城市焕发出新的激情与力量，从广交会到中国进出口贸易博览会，作为联通海外和内陆地区的重要窗口，南来北往多少客商齐聚，带来了财富，也带来了外来文化。然而，在长期文化碰撞的过程中，广州人并没有迷失，以“本色相持、开放共融”的态度将本土文化与外来文化糅合渗透，也让时尚与传统相融并举。这里的“国际化”来自城市的外向面，见多识广，善于包容，会见外宾讲外语、吃西餐，这里外国风味不缺，而且大街小巷高低档次的餐馆皆有。而“民族范”当然来源于本土气质的自然流露，这归于文化的高度自信，内心的平和与独立带来坚定与坚持，他们坚持着生活方式的低调市民化，布衣简装、素无雕饰地示人，一切淡然低调，无论是在茶楼还是夜市一样吃得开心，只要能吃，皆乐趣。一“洋”一“土”，在广州城里均完美体现，外国人无论商务活动、旅游观光还是学习访问，来了都是客，餐饮口味任君选择，当然，粤菜是最好的选择，也是最有特色的，总能吸引众人慕名而来。而广州人，一副乐观无畏的样子，本着"食为天"的宗旨，坚持传统又善于创新，充分表现出"为食"基因的强大力量。一方面，新时代下，文化发展迎来新的特点和任务，伴随开放力度的增强及地方经济的繁荣，广州人的个性文化很大程度上呈现出强势的力量向外扩张，外来群体表现出对本地文化认识与理解的强烈需求。另一方面，对于本地区新生代的年轻人，在大时代全球一体化格局下，对身份的认同与文化传承的历史使命更为迫切，如何认识自我，珍惜优秀传统，在变革中寻求生存和发展，正是我们创作中需要正视的重要任务。

在微信公众平台"粤饮粤食动漫堂"上的作品，作者根据广州的文化特点及故事情节的需要，在角色设定上充分考虑了"混搭"元素，创作出四位主要人物：小学童"六六"和"飞飞"、外国人"阿布"和大厨"粤十娘"，他们各自充当外来文化、本土文化、新生一代和文化传播者的代表，综合展现本地食客群体的构成。如"六六"和"飞飞"是广州土生土长的新生一代，出生于新时代的大都市，对广州传统文化既有着自身身份的认同感，又乐于接受国际文化大融合下的新观念和新思想。男孩"六六"身穿岭南民间土布开衫，样子顽皮，遇到任何事情总是喜欢探索，是个十足的"小问号"，而女孩"飞飞"穿着校服裙子，乖巧懂事，是个人见人爱的小学霸，对文化考察中的很多小问题总能细心思考、善于解答。小学童"六六"和"飞飞"的角色是一对特定的组合，他们身上带着简单与纯粹的特质，没有做作与夸张，朴素与善于探索的本质正好代表着广州人的深层性格特征，在他们身上，体现了广州新生的文化传承力量，这是足以让我们感到亲切和欣然的。而"阿布"则是一位向往中国文化的外国餐饮杂志记者，有着棕色皮肤和光光的脑袋，由于文化的差异，他在饮食采访中总是疑惑不断，笑料频出。当然，"粤十娘"就是他身边的向导和专家，有问必答，介绍烹饪技巧，解释文化习惯，是十足的饮食专家和文化使者。在漫画故事中，外国人“阿布”和小学童“六六”充当提问者的角色，而学霸“飞飞”和专家“粤十娘”则是问题终结者，一问一答增加了情节的趣味性，答疑解惑又扩展了知识层面的丰富性。漫画中，他们是情节推动的主体，也是饮食宣传的使者，他们身上集中了城市中最具个性的特点，综合了多样化融合的城市魅力，以立体丰满的形态展现出积极、多彩的社会精神面貌和“混搭”的文化智慧。

图3-1　“粤饮粤食动漫堂”　角色设定　（“粤饮粤食”团队　绘）

图3-2 "粤饮粤食动漫堂"四格漫画《阿布去吃猫记艇仔粥》（潘烨、叶昊 绘）

二、针对手机平台的多种适应性展示

为了适应微信公众平台的作品投放，"粤饮粤食动漫堂"以手机为介质的阅读方式作为标准，创作者在漫画的绘制策划阶段就确定了画幅尺寸及构图方式，按每期主题内容分别进行应用性尝试，考察多画面、多角度的综合条件，分别以独幅漫画、多格漫画及条漫形式呈现，并进行手机发布效果的测试与调整。

作品中，大部分的单幅漫画都成竖构图，创作者在参考市场主流手机屏幕尺寸的基础上，确定画面的横宽比例，尽可能保持单幅作品的一屏展示，充分利用满屏空间，同时也让独立画面能完整呈现，避免因滚屏而造成画面内容的缺失及美感形式的破坏，从而影响读者舒适的阅读感受。而手机小屏幕的展示有时是一种妥协的空间展示形式，需要完整独立就免不了牺牲某些画面局部的精细呈现，因此，从创作的角度上看，我们更需要注意构图的主次侧重处理，特别是标题文字的设置，应保证读者的清晰认读，而饱满充实的画面形象中，也需从面积、位置和色彩等角度去作重点表现，以确定视觉流程的导向，确保小屏浏览中信息的高质量传播。

“粤饮粤食动漫堂”中的多格漫画，内容多以人物简单对话的小品为主，画面风格简单明快，画面主体突出角色的面部和上半身，重点刻画对话双方在沟通中的表情变化，以夸张的五官特写和扼要的对话语言吸引观众，配上联想、想象等情节，延伸了画面空间的表达。这种多格漫画在手机平台上的画幅尺寸设定较为灵活，因画面内容简单，预设读者为快速阅读，眼睛停留在每个格子的时间较为短促，因此方块面积也较为克制，屏中时常会同时展示多个画面，而每个画面间的构图并不会出现过于剧烈的变化对比，一般适合表现冲突较平缓的剧情内容。

另外，在表现连续情节的时候，创作者也采用了目前流行的条漫形式，消除传统格子的边框，让时间通过画面空间的秩序延伸得以自然呈现，读者

图3-3 条漫《洋溪食客》
（陈林铎 绘）

图3-4 条漫《广府汤》
（陈林铎 绘）

指尖在屏幕上的操作让画面滚动，同时触发故事延展的时间感知。这种构图的方式，对顺时连续性故事情节的表达具有流畅的效果，把各个时间分配在竖式长带状画面里，中间没有明显的隔断，适合短时连续滚屏阅读。在图画的间歇处，版面以简要文字进行填充，既是画面内容的补充说明，也是形式构成的手段，以图文交替的方式为读者创造休息的条件，突出疏密节奏，避免了图形混杂的凌乱。

漫画展示中，读者对手机屏幕和印刷品的主观阅读感受是不同的，手机屏幕虽然较小，但画面可以通过手势操控，实现局部细节的放大，而印刷品的空间是限定性的，与同等大小的屏幕对比，所承载的信息量有所限定，无法实现空间加载，因此，载体性质的差异必定意味着作品处理的特殊化，形成不同的创作理念导向。当然，目前主流品牌手机的屏幕是 5~7 寸，这样的面积对于习惯大幅画面的创作者来说，总觉得较难满足充分表达的需要，利用小幅画面表情达意，内容要丰富耐看又要整体大器并不容易。从这点上来讲，我们认为创作观念的转变是首要的，即作品既产出于当代互联网新媒体语境下，其展示平台的多向适应也必然成为创作的立足点，限定条件下的综合协调力是必不可少的设计能力，同时，小幅画面在优秀创作技巧的处理下能焕发形式美感的特殊魅力，这也是不争的事实，关键在于人的主观能动性及创作智慧的发挥。

图3-5　条漫《阿布，来吃凤爪呀！》（潘烨、叶昊 绘）

图3-6 《美味香脆酥炸鱼》（杨寅斐、陈林铎 绘）

三、向民间美术形式借鉴

民间美术扎根于平常百姓的生活，朴素而凝练的美集合了地方和民族的特殊精神气质与审美倾向，它具有丰富的艺术形式，如剪纸、雕刻、刺绣、年画等，其形态及色彩塑造手段历经世代匠人的实践与修正，总结出许多成功的创作规律，内里投射出民间艺术家集体的智慧光芒，值得后人敬仰和学习。2017 年 9 月，本课题团队指导学生创作的饮食题材漫画作品，在广州市郊某镇进行展览，吸引了大批当地民众参观，让我们意外的是，地方媒体在报道时称我们的作品为“年画”。诧异之际，我们才意识到在民众的心目中，判断绘画类型的标准不是简单的工艺手段，而是画面最终呈现的形式感，而我们的作品虽然使用了计算机漫画绘制的方式，但其中构图、色彩及叙事的处理手法，确实在潜意识中融合了民间美术一些显性的营造规律和特点，因此给人以“动漫年画”的特殊印象。在此，作为主创人员从理性分析的角度对这批作品的创作思路进行回顾和梳理，结合理论法则打开分析渠道，也是本课题向灿烂民间艺术致敬的一种特殊表达。

（一）适形构图得圆满

适形就是对图形素材进行加工变化，并组织在一定的外形轮廓内，民间美术中的适合纹样就是最为典型的代表。创作中，单幅漫画构图的适形是将富有当代流行特色的动漫形象限制在一定的框架内，采用轮廓限制的方式，保持外形的饱满和内部的充实，但内部的元素组织与传统图案相比，其造型的工整性明显弱化，打破了过分拘束的重复和平移排布的规律，让造型拥有更多对比、遮叠、缠绕交织等组织特性，这样既能体现物象的特征，表达一定的情节，又能穿插自然，形成灵活独立的装饰美感。如漫画《美味香脆酥炸鱼》（图 3-6），画面包含人物、大鱼和佐料等复杂元素，标题文字简洁有力、饱满、充实，内容整体被整合在方形的外框中，形体间互相交错缠绕，然而内部结构又能保持完整，全画拥有强烈的视觉张力，同时也迎合了中国传统艺术中崇尚圆满的精神意境。这里的圆满是内外兼顾的，外轮廓的完整源于格式塔心理学规则，有限度的边缘参差在人们进行整体观察时，总容易被弱化，被看成形态接近的几何形体，而内部构件的造型完整则是理性思维下巧妙构思与细致处理的结果，包括浪花、文字、人和鱼在内的所有单形都需要保持不间断、不分裂的形态，才能营造出富有秩序性、规律性的组合，从而带来视觉上的极大舒适感和满足感。

（二）青蓝红绿最热闹

中国民间美术作品崇尚大胆艳丽的色彩气氛，因此大红大绿最为常见，色彩具有高纯度、高对比度的特征，往往能引起视觉的高度刺激，同时这些色彩间能平衡整体的和谐与局部的跳跃，产生热烈欢快的视觉情感。我们看到，成熟的艺术形式在类型、特色和地域风格的约束下，会表现出一定的色彩搭配习惯，形成视觉识别符号，让读者从中品味出特定的乡土气息。如漫画《东江腊鸭》（图 3-7）中，使用了炫目的艳丽色调，大面积橙红色配以高明度和纯度的蓝、绿、橙，通过色彩面积比例的调控确定毫无悬念的主色调，再使用少量对比色进行跃动处理，画面强烈又高度和谐，艳而不俗，刺激而不致生厌。当然，画面用色是内容与风格适配选择的结果，腊鸭的制作需要强烈日光的烤晒，当人们阅读画面时，画面的橙红色调在联觉效应下会释放出如沐艳阳的暖意，阳光的香气与鸭肉的香气混合，直达中枢神经，由此合成微妙的快乐因子。这种高纯度的色彩实质提取自典型的云南少数民族刺绣和江南民间年画，借鉴了它们特有的色彩组合，从而区别于常见的欧美、日韩动漫风格，让作品避免了恒常性带来的视觉疲劳，产生别具一格的民俗特色。

图3-7 《东江腊鸭》（陆玉萍、李小敏 绘）

（三）不拘一格看得清

不拘一格是传统艺术塑造形象的重要特点，在画面中需要被强化表达的内容，聪明的艺人们总能找到最佳的手法使之突出呈现，跨越常规思维模式和固定表现程式，从观察到加工推出了“望眼欲穿”“自在其中”等手法。“望眼欲穿”就是透过事物的表层看剖面、看内部，学术上也称“透过投影”，如漫画《莲香楼》（图3-8）中，建筑物前部的外墙被透明化，在外轮廓的内部展示出这一百年老店的楼层结构及人物景象，通过“穿墙大法”同时表现建筑的内外特色，展示客似云来的热闹景象。而“自在其中”实质是观察中的“垂直投影”和“旋转投影”，创作者根据对对象的主观感受和理解，以全正面角度进行物体展示，有时还会增加平移或旋转效果，让最主要的特征得以彰显。如漫画《畔溪园林》（图3-9）中，看似普通的平面图，细看才发现内中景物，包括人物、建筑、船只均呈“摊倒平移”之势，改变了常规的透视法则，却增强了位置和结构的清晰再现。

我们知道，视觉艺术具有一定的叙事功能，空间是重要的表达要素之一，一些绘画作品为突破静态形式的局限，从空间要素中找到突破口，延伸出更具拓展性和灵活性的表达法，有效扩充了画面的叙事性能，比如“穿墙大法”可让读者代入画面角色，产生穿梭于室内外的感觉，而“自在其中”则是让读者游走于画面不同景致中，因移步观景而产生全然不同的物形角度。这种空间的特殊表达法，古今中外屡见不鲜，不只在民间艺术中有大量运用，登上大雅之堂的绘画作品，如埃及壁画、印度细密画、中国水墨画都有大量经典应用的案例，可见优秀艺术手法的运用无关国界、时代，更无关雅俗，适合便是最好的标准。漫画创作中，这类空间的扩展性表现无疑是创新的一个有效途径，可为作品带来朴实自由的气息，强化了主观运动的感觉，为观众带来与众不同的视觉感受，这确实是难能可贵的。

图3-8 《莲香楼》（陆玉萍 绘）

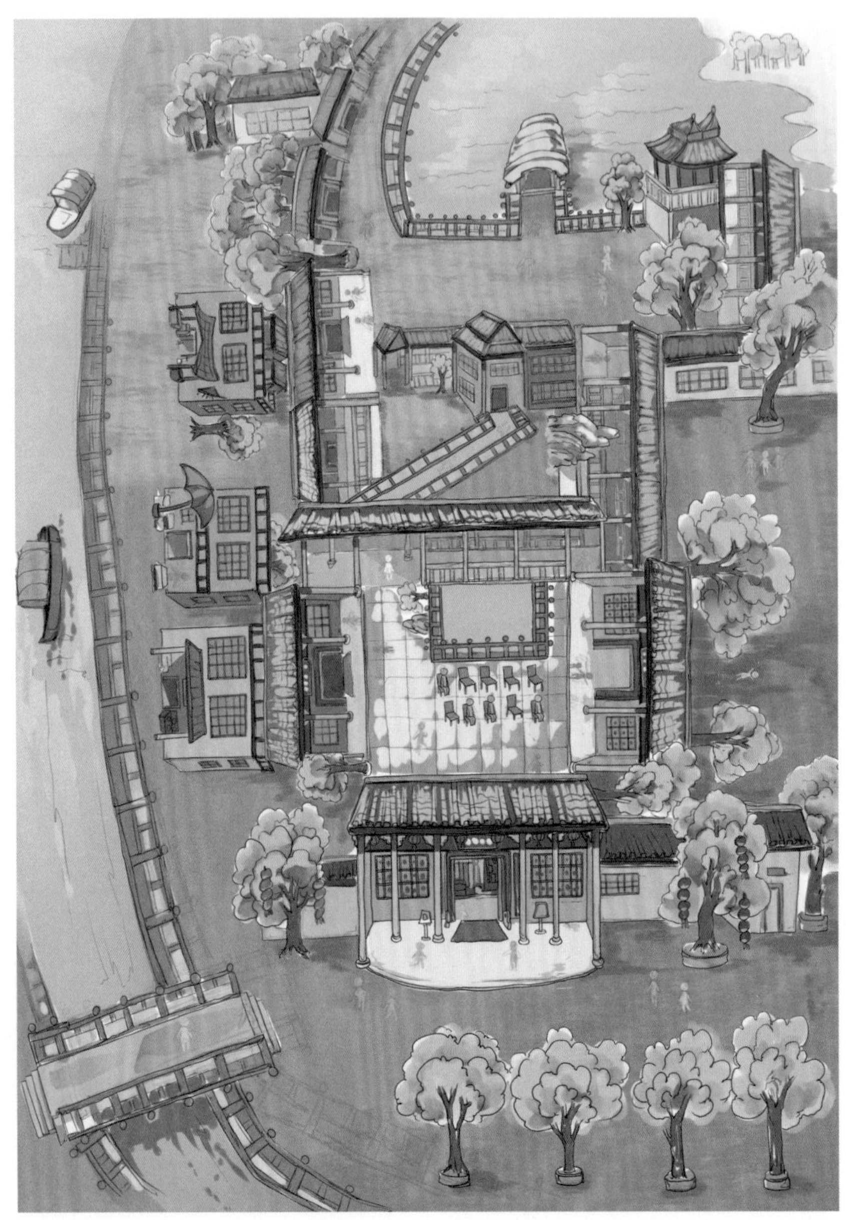

图3-9 《畔溪园林》（陆玉萍、潘烨 绘）

（四）四时组合齐亮相

所谓四时，泛指不同时间节点的概念，民间美术中对时间的叙述有自身特殊的形式，比如“四季花开”，是年画中常见的题材，将四季盛开的花朵同插一瓶，美丽可人，充满富贵之气，以此恭贺平安大吉、如意吉祥，在此基础上，又延展出四季果品的满桌丰盛，寓意丰收富足。对广州来说，春夏秋冬蔬果不断，加上温室种植及运输、储存技术的应用，要做到跨季节的果蔬供应已非难事，只是艺术手法上的比喻象征仍然值得我们学习。如漫画《佳果之乡》（图 3-10）中，水果散发的芬芳围绕人物，使之心花怒放，垂涎欲滴，不但是感动于美食的引诱，更是感慨于丰收的喜庆和欢愉。对时间的加工描绘在传统美术作品中也是很有创意的，若不同节气出品的作物同时登场是时间组合中的跳跃式，那么，将食品加工过程的阶段性画面按时间顺序同时排布于同一画面，那便是连环式的，比如作品《红扣黑山羊》（图 3-11）中，烹饪中的分切、调味、下锅和盛盘等连贯过程，环绕排列在主角山羊的四周，沿着顺序阅读，便产生烹饪过程中的时间流动感，而整体构图又能保持连贯一体的效果，有力提升了单幅漫画的叙事能力。

诚然，作为时空表达的特殊处理，“看得清”和“四时组合”的手法在漫画中的应用并不常规化，这确实容易引起某些关乎可行性的质疑。实际上，作为具有开放性语言的艺术形式，漫画并无一成不变的表达样式，借鉴可成就创意，其成功的关键在于意念传达的效能高低，也就是读者能否透过作品接收到准确、生动的信息，从而实现与作者在精神层面上的沟通。而此类手法本身就是原生文化中已然形成的自然观察法和表达法，在动漫中的借鉴属于形式的继承和发展，因而它们具有与生俱来的可读性和辨识性，其有效的运用并不影响读者对画面内容的理解，反而平添了许多生动有趣的细节，更耐人品读和寻味。

图3-10 《佳果之乡》（陈林铎 绘）

图3-11 《红扣黑山羊》（陆玉萍、李小敏 绘）

四、单幅网络漫画中的视觉流程引导

在单幅漫画中讲故事论因由，是十分考验技术技巧的，因为它没有多格漫画的连载优势，不能对内容进行分散处置以实现情节的逐级推进，只能依靠单一画面完成叙述论证等内容，往往空间有限而内容众多，纯平面的展示空间却要交代人、时、物、景等复杂关系，可见信息传播压力之重。另外，网络平台中的漫画作品以电脑或手机屏幕的近距离单人阅读为主，经研究发现，小屏幕空间下的单人阅读，较之大型画面的公众共赏模式，其读者停留于画面的时间更长，阅读的深入程度也更高，因此对作品内容丰富度和形式美感方面的要求也相应更严苛。我们知道，中小屏幕中一屏展示的空间有限，过度内容的堆积会严重影响阅读体验，因此，创作中，空间元素的合理布局及输出的流畅表达，是成为优秀作品缺一不可的因素。

美国著名设计心理学专家唐纳德·诺曼教授在《设计心理学》一书中提到，简单并不是指内容少或功能少，人们实质喜欢承载更多信息或作用的作品（产品），而复杂的作品（产品）让人获得良好体验的操作是内部组织的规律化布局，如分组化和队列化。也即，一定数量的视觉元素是构筑丰富效果的必要前提，而处理复杂的画面则需要理性与合理的排布。在众多元素组合的漫画中，提供视觉引导的因素在于大小、色彩、疏密和位置等，人的眼睛往往会首先关注面积大、颜色突出、高密度及置中的物体，然而，实际的画面情况要更为复杂，任何事物总有存在的环境，其内部秩序因事物的相互关系而相辅相成，它们并不孤立存在而产生作用，更多的属性存在于对比之下。比如，漫画《君达菜包》（图 3-12）的构图就是视觉引导的一个典型例子，各式食材及烹饪画面以"Z"字形布局，让读者的视觉焦点在阅读中沿着预设的引导路线移动，从而了解烹饪制作的过程。而在另一幅漫画《石塘扣肉》

（图 3-13）中，鲜艳明快的黄色和红色布满画面，色彩混合作用下呈现亮橙的色调，单一颜色绚丽，但内部均匀调和，并没有特别跳跃的用色，因此，引导读者视觉流程的因素并不在色彩，而在物形的大小和疏密布局上。我们注意到，该画作首先抓住读者眼球的是装上扣肉的大盘子，它占据全画三分之一的面积，具有大小上的绝对优势，而碟子边缘大圈白边是此画面最为干净的位置，在旁边高密度元素的衬托下，其亮白的留空感觉显得尤为突出，因此大大加强了碟子作为视觉中心的地位。而画面上半部分的内容，排布密度基本一致，因此被归类为同一视觉区域，从功能上介绍扣肉的制作过程，将切肉、油炸等步骤表达出来，最后制作完成，全盘端出。另外，作品中实质有一处较大的缺陷，即石塘扣肉在烹饪中讲究先“煮”再“油炸”，而画面中“煮”的位置正好落在视觉浏览路线的转折处，加上图文穿插复杂，影响了秩序感的形成，因此容易造起误读。创作者为了纠正这一错误，特意使用了红色箭头，示意程序的先后，但由于颜色和位置并不突出，这些标识的作用也显得比较有限。最后，如我们所见，位置的布局问题确实阻碍了重要信息的准确传达，以致视觉导向的错误，这一点特别值得我们在流程设计中引以为鉴，务必从通盘关系中斟酌组织构成，从细节描绘中体现情节先后。

从上述可知，静态漫画中，个别叙述复杂画面，通过常规的简单处理较难达到弥补说明的效果，伤筋动骨地进行画面重组又过于辛劳，此时，我们还可以考虑动用新媒体的方式，加入动态元素，强化引导的作用。如箭头标识的闪烁，吸引读者的视觉追踪，又或者将烹饪步骤按排序依次动态显现，这些都是常见的动图效果，在安排画面秩序、指引读者按预设路线进行阅读和理解的工作中，相当有效。作为网络平台，合理发挥多媒体优势，以个性化的形式提供阅读引导，是提高作品质量、提升阅读体验的高效手段，这也会在本书相应章节中展开论述。

图3-12 《君达菜包》（陈林铎 绘）

图3-13 《石塘扣肉》（杨寅斐 绘）

第四章　动画《鸡公榄》的原味故事

《鸡公榄》是发布于优酷公众视频平台的一部原创小动画，故事以广州著名小吃“鸡公榄”为线索，讲述男女主人公的青春成长经历，通过对特色城市街道、怀旧小吃、人物造型的描绘，呈现地方传统文化的深厚与绚烂。青年创作者通过创作，把味道和情感记忆融入动画艺术，进行加工固化，同时也把个人对美好生活的向往加载其中。

一、平凡味道照见的青葱岁月

“鸡公榄”是广州地区家喻户晓的干果小吃，用广东地区特产的白橄榄做原料，经过特殊工艺腌制而成，因橄榄自身具有清热利咽、生津止渴的药用功效，“鸡公榄”作为保健类的零食，既润喉清嗓又回味无穷，因此被誉为岭南第一零食，深受广州人的喜爱。

图4-1　动画短片《鸡公榄》画面

动画短片《鸡公榄》[①] 讲述了一个发生在广州西关的故事，主人公男孩和女孩都爱吃“鸡公榄”，他们是儿时要好的朋友，后来因求学和工作原因各奔东西，多年之后机缘巧合在“鸡公榄”零食摊前再度重聚，相对而笑。故事简单而纯粹，从“鸡公榄”而起，又从“鸡公榄”落幕，讲的是食物，谈的却是情感，没有岁月流逝的伤感，也没有物是人非的感慨，旧城区，老街老巷，还有原始的味道都没有变，但人已长大，当美好的记忆被唤起时，留给读者的满是暖意。作为平民化的廉价零食，在过去的年代，每个广州人或多或少都会有属于它的记忆，平凡又可爱，熟悉又亲切，咬下去既有甜咸，也有辛辣，正如普通人的生活，平淡而悠长，人与人的悲欢也交集其中。回头看看，穿越街头

① 动画短片《鸡公榄》，指导：李小敏，制作：邹金玲、林丹乙、彭小娴。

巷尾买卖的喧嚣、骑楼花窗下绰绰晃动的人影，是市民生活常态的影像体现，而"鸡公榄"正是这常态中的一个闪烁亮点，它将许多平凡生活的印记围拢成一个符号，每每想起，橄榄的甘甜滋味就会充斥于舌间，许多发生于广州古老城市、古老街巷的故事就会被重拾起，燃上心头，《鸡公榄》动画就是这样展开了温柔又简单的叙事，寄情于物，一切都看似平淡，却自然而然、相关相扣。

图4-2 卖榄人"鸡公佬"角色 （林丹乙 绘）

二、城市文化记忆的符号提取

"鸡公榄"之所以闻名，不仅在于其土制零食的味道诱惑，还在于其独特的买卖方式，过去的卖榄人为了吸引顾客，通常会套上竹编纸糊的五彩公鸡模型，以"走鬼"（流动小贩）的方式走到大街上流动叫卖，他们手持唢呐边走边吹，乐器"滴滴答"的吹奏声酷似粤语"鸡公榄"的声调，诙谐又顺口，于是"鸡公榄"由此得名。这种售卖方式大约起源于 20 世纪二三十年代，当时骑楼洋房林立于广州街头，每当卖榄人穿梭于市井叫卖，楼上顾客若有购买需求便会大声告知，抛下一毛几分的零钱，卖榄人就会把包装好的“鸡公榄”抛掷到顾客跟前，无论二楼阳台或三楼窗户，必定准确送达，技艺精准，十分了得。作为广告形式，这样的营销方式在街市经济的环境下是最有效的，满载街头表演的杂耍成分，色彩绚丽、造型夸张的公鸡外形和唢呐的响亮调式也极富表现力，这些元素同时构成一定的品牌效应，实质也暗合了包装广告、CI 策划等现代商业推广的理念，以商品独特的宣传形象将其知名度树立起来，走出市场化的道路，其案例是相当成功的。

图4-3 《鸡公榄》 男女主角设计之儿童、少年形象 （彭小娴 绘）

作为城市记忆的符号，"鸡公榄"自身形成了特定的文化生态，包括商业、表演、民间工艺及饮食习惯等方方面面，如吹奏抛掷售卖的方式可归于市井买卖文化和杂耍文化，公鸡模型可视作手工艺文化，而"鸡公榄"的制作及食用又属于饮食文化，这些共同构成老广州城市记忆的一个亮彩截面，即使有些习惯和方式不再每日相伴，但其满载时代感、地域性的风采依旧值得所有广州人怀念和珍视。

图4-4 动画短片《鸡公榄》画面

三、动画语境下广味风情的塑造

如果说，"鸡公榄"是广州传统零食文化的一个符号，那么符号准确传达意念则需要相应环境烘托，环境和符号的共同构筑才能产生特定的内涵意念，因此，创作者在创作中尽量还原"鸡公榄"诞生和传承百年的环境风貌，打造出岭南城市的繁华商业气息。动画背景被设定在 20 世纪 90 年代广州老西关一带，画面参考了上下九路段步行商业街的实景，重点突出骑楼和岭南窗等地方建筑特色，统一的灰色外墙，配搭彩色几何图案的玻璃窗体，街道两旁的霓虹灯广告牌林立，商店、食肆和各式流动摊档密布，到处人来人往，熙熙攘攘，充满老广人熟悉的寻常生活气息。而卖榄人"鸡公佬"的形象也是广州人所熟知的，创作者将大公鸡模型鲜艳的色彩和夸张的造型进行了艺术的加工，让形象更丰满和突出，而卖榄人被设定为四十岁左右的大叔，素雅色调的服装和公鸡模型的颜色形成鲜明对比。卖榄人吹着唢呐在繁华老街区穿行，已经是广州特色民俗文化的一个典型代表。动画中，这种民间色彩强烈的吹奏叫卖情景跃然画面，将娱乐幽默的气氛带出画面，衬托出市民悠然自得的生活场景，也表达了一种知足常乐的生活态度。作品画面中的场景带着淡然而清澈的感觉，映衬出“鸡公榄”味道的甘甜与人情的温暖，这一切构成“鸡公榄”存在和传承的生态环境，它是动画故事中男女主人公儿时生活学习的地方，也是广州人熟知的传统城市风貌。

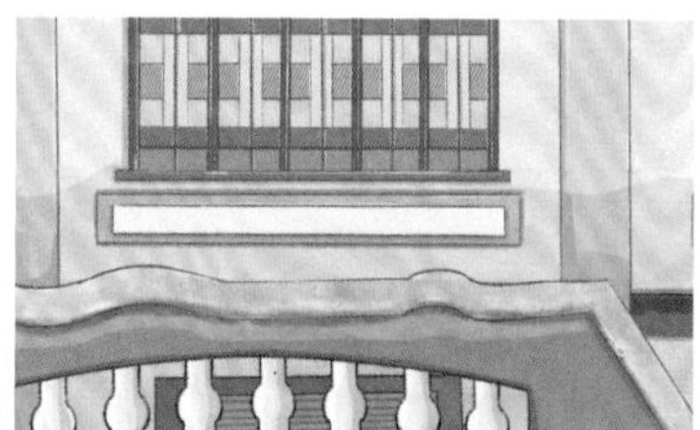

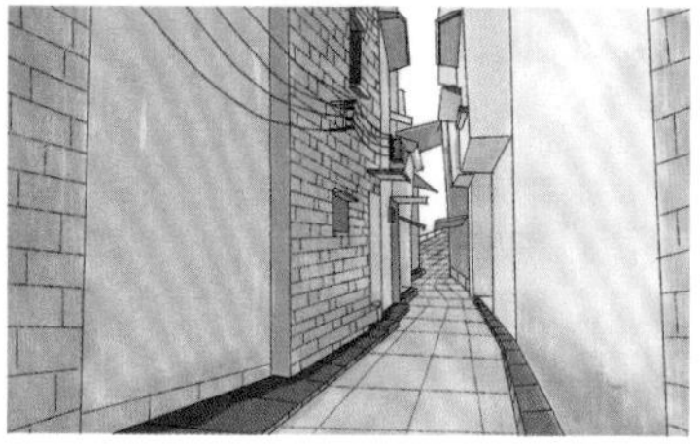

图4-5 《鸡公榄》 场景设计 （彭小娴 绘）

动画作品中，故事叙述的时间从20世纪90年代到当下，通过主人公的回忆将跨越近30年的时空情景串联在一起，将城市发展变迁中不同阶段的面貌呈现出来，以主人公从幼年到少年、青年的成长样貌记录，体现了时间流动的痕迹，也吐露了人事变幻的角色心境。因此，作者的组织元素大都呈现碎片化的痕迹，碎片化的城市生活记忆，穿梭于过去与现在；碎片化的人物形象，贯穿青涩至成熟的年龄，所有这些，依托"鸡公榄"将全局统筹在故事情节中。我们庆幸，"鸡公榄"在时代变迁的历练中，作为文化的典型代表被保留了下来，味道一样回甘可口，大公鸡模型一样鲜艳漂亮，卖榄人一样沿街叫卖，吹着唢呐"滴滴答"地吸引着人们。城市在不断变化，人也在变化，或许很多东西已经不复存在，然而具有文化内涵的经典却没有被磨灭，"鸡公榄"跨越了文化的界限，承载了丰富的民俗文化，带着人的情感，在城市繁华中留下耐人寻味的深情故事，遵循味道的指引，让动画作品带领读者产生情感的共鸣，这就是《鸡公榄》的耐人寻味之处。

第五章　表情包中的好滋味与萌趣味

表情包是流行于网络中的一种文化形式，依托社交媒体的不断壮大，人们在交流中利用表情包表达个人的情感和态度，从而达到传递信息的目的。表情包内容精简明确，图文结合，体积较小，容易安置和调用，具有快捷传播、高效应用的优势，因此被广泛应用在微信、QQ 等网络社交平台中。表情包画面主体多为照片影像和动漫图片，但从目前流行的作品质量和传播广度来看，动漫形式的表情包更为优质，使用频率也更高。“食在广州”主题下，表情包创作将动漫语言混合饮食元素，应用在小方块画面内，从社交平台推广出去，可以轻松实现有效传播，成为时下饮食宣传和情感交流的通用渠道。

一、"萌食"元素的表情设计

动漫表情包在日常社交媒体中的应用是相当普遍的，如微信单日的推送量就非常巨大，这促使其独特艺术特性的形成和展现，其中"萌"文化的流行就是最为突出的一点。"萌"的原意为草木萌芽，比喻事物开端，近年由日本兴起的"萌"文化，将字义引申为形容让人产生喜爱、兴奋或执着情感的元素，传播到国内后，其表达更接近于可爱、好玩、让人心动的意思。"萌"元素可以植入艺术领域的各个方面，从语言表现的感染力来说，它能产生最直观的视觉冲击力，迅速激起人们内心最原始和简单的爱怜之心，而动漫由于灵活多变、天马行空的表达，正是"萌"文化最盛行的领域。以"萌"元素充实表情包，再借助网络的力量实现文化传播的目的，是"食在广州"非常理想的一种创作风格，这源于饮食主题的大众化和娱乐化特点。在网络表情包设计中，将食物或盛器拟人化，赋予它们生命力和行为力，或借助于人物的互动，共同创作出"萌"的姿态，让作品拥有感性诱惑力去驱使受众投入情感。本团队创作的表情包《客家娘酒》"酒罐篇"（图 5-1），融入拟人化的手法进行表现，伶俐的表情配合红色封布的姿态，让酒罐灵动起来，恍如香甜美酒作用下人们飘飘然的状态。这里的"萌"，一方面来自动漫创造出来的诙谐形象，让我们看到了极致单纯的美，而另一方面，内涵的高度契合也成功让作品与生活实景相对应，受众被触动心灵的一刻，不禁会心一笑。这简单的动态图片，让我们回味娘酒倒出时的芬芳，忆起过去家人自酿米酒时的美好情景，一切感觉纯真而美好。我们常说，每个人心中都住着一个长不大的孩子，只是因为生活的压力，孩童藏起来睡着了，而表情包的"萌"元素恰好以大众流行的方式，唤起了人们内心的童真，让人们跨越年龄界限享受"卖萌"的乐趣，同时在社交圈内传阅和分享，也可以获得与友人心灵交汇的快意，让愉悦得以延伸扩大。

图5-1 表情包《客家娘酒》“酒罐篇”（陆玉萍 绘）

二、流行文化中夸张、幽默元素的大胆应用

近年表情包在网络平台上大热，发展至今天，其大众使用的趋势已走向群分化，不同群体受众对表情包的喜好有不同风格及内容的倾向，但其整体偏好仍离不开趣味性和娱乐性的特点。高尔基曾经说过：“夸张是创作的基本原则。”视觉流行文化中的魅力，往往离不开夸张，它是在把握现实事物本质和核心特点的基础上，将其进行个性化的夸大渲染，求得寻常中的新奇与变化，引起人们丰富的想象，激发兴趣的产生。而幽默实质是智慧的体现，其表现出人意料又荒谬可笑，却往往能揭示事物本源，给予受众深长回味。人们在日常交流中，生动夸张、幽默搞笑的表达可以活跃气氛，促进关系融洽，表情包的使用省去某些场合“露脸”和“献声”表演的尴尬，无须自行原创，直接调用即可，高效而便利，因此受到广泛追捧，流行于各大平台。我们在创作《客家娘酒》表情包时，特地设计了男女人物角色，强化了画面中表演性和叙事性的特点，为脑洞大开的创意实施提供了更开阔的演员条件。比如，表情包《客家娘酒》“酒仙篇”（图 5-2）中的“角色的海饮”表情，夸张的大口和不断膨胀的肚子让人看得忍俊不禁，旁边“酒桶”二字明显具有戏谑化的意味。在另一个表情中，人物乘着美酒芬芳缭绕的香气，驾着翅膀飞上

云间，让观众想象他已陶醉置身于世外桃源，但一旁充满俗气的"好好味"三字却偏将天使熏倒跌落凡间，语境的强烈冲突造就了搞笑气氛。这种幻想与世俗对撞的幽默和异想天开的夸张，在寻常几秒的小型动图中展现，短小而生动，轻盈而锐利，通过简单手法瞬间吸引观众眼球而又让观众瞬间领会，娱乐大众的同时，又能达到美酒广告的宣传效果。食物是人们每天必须接触的、最熟悉的东西，艺术创作中的表达就是要从平常中找到闪光点，通过艺术处理进行加工放大，而真正拥有智慧和生命力的夸张和幽默并不是"无厘头"，它们的内容中必须包含对事物本质的深层揭示，再依靠形式技法的有力支撑，从色彩、造型和动画上进行变通，才能创作出吸引用户的表情包作品，让人们喜欢使用，乐于传播。

图5-2 表情包《客家娘酒》"酒仙篇"（陈林铎 绘）

图5-3 表情包《客家娘酒》“女士篇”（赖卓雅 绘）

三、“食在广州”表情包的有用性研究

食物与人们生活息息相关，自带强大的流行基因，大众话题配合大众化的表情包方式，可通过社交平台的交流，让其在群体间传播，达到文化推广的效应，然而这只是创作者的主观心愿。对于受众而言，对设计作品成功与否的评价，有用性当属于最为基础的指标，“食在广州”表情包在满足大众使用需求方面，有用性应如何体现，确实是个值得思考的问题。在网络即时对话过程中，创作者有必要站在受众的角度想想作品适用的情景，为什么要用，什么时候用，如何发挥作用，这都需要具有前瞻性的策划统筹。

20 世纪 60 年代，美国著名心理学家艾伯特 · 梅拉比安等人经过大量实验，提出了一个著名的公式：人类在沟通中全部的表达信息 = 7 %的语言信息 + 38 %的声音信息 + 55 %的肢体语言信息，这或许可以从理论上解释表情包得以风靡网络社交平台的原因。在过去以文字为主要媒介的网络人际交流中，表情的缺失，使情感的表达有时并不尽如人意，而表情包的使用，通过动态或静态图形给予不同的语气调式，助力于态度的表达，正好弥补了单纯文字在网络实时对话中形象性不足的问题。因此，大众网上下载量及使用率最高的表情包中，绝大多数是表达情感、意见、态度的内容及日常生活用语等，如"高兴""赞同""再见""下雨了"等，而特殊节日期间则更集中于喜庆祝贺的内容，如"新年快乐""中秋节团圆"等。

我们的饮食类表情包应把握住这种流行的规律，从特点上寻找符合生活高频用语的角度去定位表现方式，关键在于巧妙地将"食在广州"的内容嵌入网络交谈，让作品拥有更开阔的应用空间，其中"名句借用"和"修辞法"正是两个非常有效的方法。所谓的"名句"，界定是比较宽泛的，凡是人们熟悉的、有一定流行性的语句都属于这个范畴，粤语中与食物相关的名句是十分丰富的，主要来自经典诗词、民间谚语、影视台词、广告语等，借助这些名句的流行性，其中的食物美名自然得以广泛流传。而这里的修辞法是利用比喻、拟人、夸张等手法来提高表达作用的方式，在动漫画面的创作手法中也是非常常见的。这两种方法往往最后要借用联想的作用，将画面中对食物的直接描绘，转移至相关的景物或情感的主题上。如"一湾春水绿，两岸荔枝红"，题颂的是广州荔枝湾的昔日美景，表情包画"春水荔枝"，旨在赞美秀丽景色，其意念引申出去，又可用于对所有自然美景的赞颂。试想，当游人身处郊外游玩，在微信发一两个"春水荔枝"的表情包，绿水弯弯，两岸翠叶相伴下果实丰盈的样子，确实满屏惬意，自己不用写一字一句，游览愉悦之情尽可表达，在朋友圈内大可洋洋得意。再如形容广式点心的《皮薄馅靓》表情包，画面绘的是饺子，但其意思又可引申比喻事物内外兼修的良好品质，若用在赞扬和推崇的语境中，那必然也是表达到位而又幽默风趣。可见，日常生活中，我们选用图片表情，有时未必看荔枝而颂荔枝，吃饺子而赞饺子，借形表达事件、借喻抒发情感而已，用图合乎情理便是王道。我们对广州饮食主题的表情包创作，若能从应用情景出发，充分考虑作品在网络生活中的"可用"性能，透过画面及语言文化的复合设计，能有效扩张意念空间的承载量，增强生活应用的情景适用度，让表情包不只好看好玩，更是“有用”，实现大众传播的最大功效。这看似“意在外”的表达方式，实质上是表情包侧面推广文化的手法变通。在生活和人际交往的互联网渠道中，表情包被大众轻松接纳和并乐于使用，从而实现核心宣传的作用，获得良好口碑与广泛认可。

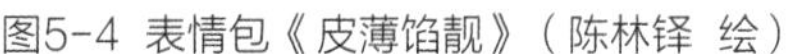
图5-4 表情包《皮薄馅靓》（陈林铎 绘）

图5-5 表情包《松软可口》（陈林铎 绘）

第六章 网络游戏『动手做』饮食

网络游戏是指以互联网为传输媒介，以游戏提供者的服务器和玩家计算机为处理终端，在互动中让玩家获得愉悦体验，从而实现娱乐休闲目的的在线文化产品。我们知道，电脑游戏实质是动漫衍生产品的一种，游戏场景和角色同属于动漫的表现形式，并且伴随其产业的迅速发展，网络游戏的创作日益受到动漫从业者的重视与喜爱。“食在广州”的主题中，不乏一些适合游戏制作的素材，包括历史、产地、烹饪等内容都能嵌入游戏关卡，这类游戏通过动手动脑的操作，让玩家在娱乐过程中获得饮食中的各类知识，实现益智目的。

一、角色代入下的自我实现

美食题材的游戏中，模拟烹饪是其中最受追捧的一类，受众范围主要集中于低龄儿童或青年女性，如《烹饪学院》《疯狂美食家》《世界美食家》等，都是目前颇受欢迎的游戏产品。它们的流行很大程度取决于玩家在游戏的角色扮演过程中，对任务完成后产生的自我满足感。从国外一些作品案例中，我们可以获得一些启示，如在《世界美食家》中，美女主角将继承祖辈的餐厅经营，她会收到爷爷寄来的信函，要求她进入不同的餐厅实习并学习不同的食品烹饪法，每完成一个任务，主角会获得爷爷的赞许并获阶段结业证书，进入下一关卡。从中，我们留意到游戏角色在流行因素中的重要性，受韩国偶像剧的影响，美女厨师类型的影视作品近年在国内十分火爆，看男女艺人恋爱故事之余，也领略到她们在厨艺中的独特魅力，可见会做一手好菜能让生活更丰富和更有趣，因而玩家往往出于代入角色的幻想而进入游戏，从情节中获得自我实现的满足。从网络运行的后台信息了解到，这类游戏的玩家中，年轻女性的比例较大，游戏时间也较长，其中主要角色靓丽可爱的外表是作品受到追捧的主要因素，玩家在游戏中将个人定位的幻想代入虚拟世界，普通女孩也能变身精通专业技能且美丽动人的“万人迷”，这种简单操作的游戏，确实让人获得瞬间放飞自我的满足感和愉悦感。

当然，美女路线只是“食在广州”游戏设计的一个小尝试，我们对流行元素的借用，更可以从广州地方特点着手，寻找文化元素，制造新奇、特异的情节和角色形象，以吸引更多不同类型的玩家加入。比如透过穿越情节，我们设计的角色可以游历上下千年寻获美味的秘密；角色设定可以有多样选择，如广州名人、民间吉祥物、影视明星等，并进入情节实现对虚拟世界的把控。游戏中，玩家可以了解广州传统的饮食文化，而后随着通关的深入，又可进入模拟烹饪环节和用餐环节，从中，作品的丰富层次被逐一挖掘出来，让玩家在一次次的闯关中获得胜利，在自编自导的角色环境中完成自我的超越。作为网络游戏，这一题材和设计思路的作品具有深厚的可挖掘资源和广阔的创作前景，关键在于针对不同层次玩家的年龄、职业、性格等特点，以及特定游戏环境的设置，设计出不同的游戏故事和游戏机制，让目标人群更容易被吸引并融入相应的虚拟情景中畅游与学习。

二、丰富层次体验的构筑

网络游戏形式对"食在广州"的文化传播，最大的优势就是通过人机之间、人与人之间的交互过程，实现知识性和娱乐性的功能，让玩家从通关中获得满足感和荣誉感，这让网络游戏在动漫产品的世界中拥有特殊的地位，并受到全年龄段无数网民的青睐。其创作方法上，我们可以从故事叙述、关卡设计、画面经营三个方面考虑，组成内容层次上的丰富效果。

首先，我们可以将游戏设置成多版本的连续性动漫故事，强调人物命运与玩家操作的高度关联。在网络世界中不同载体的动漫作品具有不同的形式特点，动画和漫画可以承载独立故事，但信息传播是单向的，而网络游戏的内容既可以是非连续故事形式的事件组合，也可以依托于虚拟的情节背景，利用游戏拥有动画和漫画所不具备的交互性，让情节在玩家操作下沿不同的方向发展，实现不同的结局。一些游戏的设计甚至使用玩家操作与动画播放的交替形式，即游戏与欣赏环节的结合，体现出当下游戏设计理念的多元化倾向。烹饪类的游戏中，我们可以通过时间调节、程序排列、用料配置等操作，决定角色在故事中命运的机遇转变，最终晋级或出局。这种设计方式，是由玩家通过操作推动故事发展的，而互联网中多玩家的实时参与也造成了诸多因素的不确定性，营造出更多悬念和趣味，从而吸引玩家的持续参与。

目前，业内饮食题材的游戏作品，其在故事延展机制的设计上存在单一和固化的特点，灵活性和新奇性不足，游戏任务基本以按部就班的程序操作就能完成，目标玩家也限于低龄儿童这一人群，大大限制了该题材作品的升级和推广。解决该问题的根本途径，就是重新拟定叙事方式，赋予游戏丰富的故事层次和灵活的游戏运行机制，让玩家获得更大的故事参与空间，成为真正的游戏主宰者，而不是被动的追随者，进而吸引更多层次玩家加入，促使其在文化传播领域的充分扩展。

图6-1 《您好广州早茶》 游戏启动界面 （李小敏 设计）

其次，“食在广州”的知识内容是需要从关卡设计中体现出来的，让玩家从游戏中获得有关烹饪及典故方面的点滴启示，同时从不断解决问题中捕获通关的快感，延续游戏的时间。关卡作为游戏的核心组成部分，囊括游戏舞台上各方面元素的布置，作为饮食类游戏，没有竞技类型的激烈对抗，也没有战斗类的斗智斗勇，其设计的主要任务集中于巧智类型的拼合与排序，玩家在和谐恬静的气氛中完成系列任务，从而取得文化感悟上的收获。饮食类游戏中，地图、技能与道具、任务设计，都可以是知识加载的容器。如地图，可设定地理定位，标注各饮食名店的位置、饮食原料的产地，又或设定为时间流程的可视化图表，将加工食品的过程、农作物特产的成熟季节等以图形的方式展示于众。再看技能与道具，两者往往相辅相成，比如烹饪任务中，各种厨具的获得可与厨具使用的知识相配套，这也就构成了任务完成的必要技能。当然，游戏中的关卡不止一项任务，可能是多项任务的集成与交叉，比如，要完成“虾饺”制作的关卡，首先主人公要了解这道名点的创始典故，然后从地图上寻访名店进行厨房探秘，并开始准备食材和烹饪加工，优质食材的购买环节又可让玩家回到地图，而烹饪中又要认识和粉、包料、蒸煮等技能过程。层叠繁复的设定中，我们将饮食故事、食材知识、名店名家等内容了解与烹饪方法的技术掌握组织合成于关卡内，呈现多线索的穿插，让结构富有层次感和立体感，避免操作中的单调枯燥，同时增加了游戏的难度，迎合玩家求刺激、求新奇的娱乐心理。

最后，实现游戏构成的丰富效果也离不开画面的经营，优秀的视觉设计能渲染气氛，带动玩家情绪，有效辅助主题的表达，促进游戏机制的运行诠释与引导。游戏画面设计中对形象的塑造是以传统漫画和动画的绘画制作为基础的，但自身有特殊的表达特点，体现在形式风格、构图布局和动态交互三个方面。饮食题材的游戏，无论是模拟烹饪类还是寻访历史根源类，基于题材的适应性，绘制风格大都属于二维平面性质，一方面有利于人工成本的控制，另一方面也有利于物像构形与质感渲染处理的风格适应，避免搏击竞技类三维游戏中常见的硬朗机械画风，让质感塑造出温和绵软、易于入口的可食用感觉，渲染出生活化的轻松气氛。在画面构图上，分割构成的手法运用更为明显，点线面的大小、节奏比例分布遵循视觉美感规律和功能适应的双重原则，既有故事叙述需要的“人、景、物”元素，也包含游戏操作的各式控件和参数信息内容，界面往往由有机形与几何形共同构筑，具有一定的理性功能美感。另外，由于游戏需要兼顾互动操作中元素活动的空间预留问题，因此食物及相关元素的视觉表达并不一定在画面中占据着最大的面积，其描绘也未能如传统漫画般深入与传神，但其优势在于将食物知识嵌入玩家参与的过程中，细节能渗透到游戏的每一步，因此画面局部的处理更需要尽善尽美的协调与整合。基于交互中存在组件关系的动态变换过程，我们在画面设计中更需要进行多重因素的设计考虑，如元素位置和属性变化中的视觉美感控制、运动节奏给玩家带来的情感影响等，都是设计者需要逐一考虑的，这也要求设计者在人机界面学和游戏心理学等方面进行相应的探讨，并兼顾地方饮食文化的主题进行设计攻关，才能有所建树和创新。

图6-2 《您好广州早茶》 游戏界面 （李小敏 设计）

三、现实应用的思考

网络游戏作为时下年轻人娱乐休闲的宠儿，在现实生活中备受关注，以网红 IP 赚取流量和售卖软件已经成为其盈利的主要模式，然而在“食在广州”的推广主题下，却不完全适用于该运营模式。基于内容和形式的限制，它并不具备激烈角斗和团体战略等游戏流行模式的设计条件，在游戏可持续时间及巧智运用方面也不具备优势，因此其现实应用的推广是需要个性化定制的，而特定情境下的巧妙穿插正是其大展身手的绝佳方式。

饮食类网络游戏，体积偏小，运行机制相对简单，适合短时间内的消遣，这样的特点是非常适合在餐饮服务或会展环境下使用的。当然，不同的环境下，针对的潜在玩家各具不同的应用需求，包括内容定位、载体选择、游戏持续时间等。如餐饮服务的消费空间内，客人在等待菜肴或享受美味的过程中，如能通过手机扫码，参与饮食类网络游戏，了解有关该餐厅的美味特色或模拟烹饪的过程，这确实是十分有趣和惬意的事。试想，我们和家人朋友坐在食肆中，悠然品尝着粤菜，手机不再用来自拍美颜或拍摄菜肴，而是和同桌一起玩着"猜猜乐"的网络游戏，咬一口本店的招牌菜，嚼一嚼，品一品，猜猜其中的用料配方，看谁更会吃，更会玩，通过网络，同桌食客间可以比赛或合作进行通关。这样的设计，合理利用了缝隙时间，又切合环境氛围，增加互动体验，无疑对本餐厅的厨房出品起到正面的宣传作用，何乐而不为。此外，在一些会展类的环境下，如粤菜展览会、美食节等活动中，相关的网络游戏也可以为活动提供集体参与互动的环节，带动现场活跃气氛，既丰富了展览活动的形式，也提高了游客对美食内在文化的关注和兴趣。目前流行的手机网络游戏，在游客互动过程中，还能通过服务终端的控制，推送各式服务指引，或实现游客间的联通交流。因此，我们认为，网络游戏也是社交平台的一种衍生形式，以人人乐道的"食"文化为纽带，能实现特定饮食文化环境中沟通、认识和理解的目的，其现实应用具有极高的拓展空间。随着专业设计者对该领域的深入参与，相信在未来各类特色餐厅或"食博会"中，会有同类网络游戏的亮相，让人们在品尝美食的同时能享受到轻松指间操作带来的游戏快感和文化满足感，充实广州饮食之都的时尚气息与丰富韵味。

第七章　H5 多效集合下的味道呈现

HTML5 简称 H5，是指第五代的 HTML 语言，我们习惯上也将使用该语言制作的数字产品称为 H5，其作品最显著的优势在于跨平台的应用特性，可以轻松兼容 PC 端与移动端的常用系统。H5 的进步技术为多媒体提供了有效而安全的运行环境，实现视音展示、互动交流和信息传输等功能，因此近年被广泛应用于线上宣传与展示作品中。进行饮食主题的作品创作，H5 动漫不乏为一种具有挑战性的尝试方向，它可以集合图像、视频、动画、音频等多种格式元素，并联合交互组件达到多点沟通的效果，为用户提供视觉、听觉、触觉的多重体验，在食品“色香味”的联觉演绎上具有先天优势，以形式的“多元效果”触动用户内心的“多重感应”，从而让用户获得精神领域的体会与感触。

一、从交互形式衍生的多维呈现

交互是网络作品重要的功能特性，而 H5 技术又进一步将其体现于日常生活的应用中，从 PC 端至移动端的无缝转换使作品阅读体验变得亲切友善，也让作品形式的呈现从单一趋向多维，对事物表达的层次、角度以及对阅读引导的顺序、流程衍生出丰富多样的可选择性。我们认为，H5 为饮食主题的表达提供了极优越的创作条件，这确实是由其特殊的交互技术带来的。食物能带给我们味蕾上多变的美妙感受，酸、甜、苦、辣按比例调和，软、硬、糯、脆尽情组合，可制造出千变万化的新鲜滋味，而网络动漫要引导读者品味出食物的色、香、味，其中灵活变化的时空组接便是重要的构成手法之一，多维呈现让我们在美味联想中畅游，从而获得联觉通感的效应。

从时间设计的角度看，网络交互让动漫作品从原本线性的阅读方式中超脱出来，实现多路径的可选功能，从而灵活控制进入的顺序和节点。比如在介绍烹饪的过程中，我们可以跟随指引浏览菜肴的整个制作流程，而对材料的具体选用、加工方法，读者可以自由点击相关按钮，选择更感兴趣的部分进行了解，前进、后退亦可自如控制，方便多次读取。现实中，我们品尝美食可以自由选择进食的方式和顺序，而面对 H5 作品中的食品，我们也可以使用自助解读的方式，从作品中散点式地了解食品的相关信息，实现更便利的自由阅读体验。作为休闲娱乐或业余烹饪学习的读物，交互功能让作品突破了时间流动的单一秩序，更符合大众的碎片式阅读需求。

从空间上考虑，超链接作为信息延伸的口径，为内容的组织收纳创造了优越的条件，超大体积、复杂结构的作品也能轻松顺畅地呈现，比如对一些粤式点心的介绍，内外层包裹关系、剖面结构或正侧面观感，可以通过链接打开相关细节大图，从而开启不同层面、不同角度的阅读通道，让读者对食品获得更充分的认识。另外，人们对食物的关注，往往并不局限于食物的形、色和味道，还包括其历史渊源、名厨名店和地域风格等文化内涵，食品的起源、不同店家的口味特点、食物的分类等，内容何其丰富，将其一一铺开，又互相连接，可组成网状形式的立体结构，涵盖相对完整的内容介绍。或者，我们可以将这种触动链接式的布局称为“抽屉”，按钮或热点就是“抽屉”的把手，通过对众多“抽屉”的布局，将原本庞大而内部复杂的内容进行梳理呈现，实现秩序化的整体表达，让读者获得便捷的信息搜索功能和舒适的阅读体验。

图7-1 H5《粤港澳美食号》画面1、画面2 （陈林铎 制作）

二、由多媒体效果渲染的美味空间

H5 作品中，美味空间的营造有赖于多媒体形式的综合效果体现，它集合了各视音格式表达的特点和优点，为味道的联觉呈现提供了绝佳的技术条件，同时也反映出人在欣赏作品时，由形式引起的心理情感因素对主观感知判断所产生的重要影响。

图7-2 H5《姜埋奶》（陈林铎 制作）

图7-3 H5《豉汁凤爪》（陈林铎 制作）

首先，环境是影响味觉体验的隐性因素之一，而 H5 汇集的多媒体形式有利于对模拟环境的生动塑造，以此提升味道信息的准确传达。大量心理学实验研究证明，人在用餐时，周围的环境，包括装饰物件的形状、色调、材料等因素会对味觉产生一定的影响，即同一食品、同一食客，由于所处环境不同，味觉感知也会有所偏差。因此，动漫作品中，各式食肆画面的绘画渲染及网络界面的风格设计，对味觉联想的引导起着重要作用，如暗黑夜幕背景下街头闹市的灯红酒绿，让人想起浓烈的酒肉香味，而古香古色的雅致山房内，却泛着温润恬淡的清茶果香味。H5 作品由于具有多平台、多媒体支持的优势，因此从表现手法上能汇集多种形式共同营造，不同的动静、视音和交互元素的灵活应用，为不同的情景再现提供无限的创造可能，或传统老旧、时尚新颖，或家常平实、庄重高雅，由此呈现出风格各异的艺术特点。先进的 H5 技术目前已经发展到二维向三维转移的空间领域，仿真技术能让场景更为逼真，通过目标引导，读者能进驻虚拟世界，在流动的立体空间中看到各动漫人物在模拟餐饮环境中畅快品味，能感受这样的美食情景，也是极为愉快和满足的。

其次，烹饪中的创新和融合能促成新品的诞生，提升食物的内涵品位，而 H5 形式的表现是对创新融合的一种迎合。当人们生活水平达到一定高度的时候，食物已经不再是单纯的饱腹之物，而是娱乐生活、沟通情感的特殊介质。广州作为开放性的文化名城，自古兼具善于学习和海纳包容的精神，饮食上对外来文化的融合及自身的开拓嬗变，让口味、样式一直保持新鲜和新奇的特质呈现，这也是“食在广州”魅力延续的真正原因所在。H5 的多媒体集成实现视觉、听觉与触觉交织的混合，在表现味道方面拥有别具一格的形式优势，以技术混合形式阐释食物味道的因缘百变，多元的艺术效果意味着形式表达上的创新兼容，给人耳目一新的感官刺激和心灵的愉悦畅快，符合心理因素的联通感应，促成观者感悟主题的精神所在，让作品表达显得透彻而回味，同时也达成了自身内涵的深化与趣味的营造，因此，从技术及应用效果来看，H5 不失为优秀的线上宣传推广形式。

结语

图1 《豉汁蒸凤爪》（潘烨 绘）

广州作为著名的饮食之都，城市精神中包含了兼容创新、传承发展的特点，其博大精深的饮食文化足以让每个广州人深感自豪并津津乐道。对每位生活在这里的人来说，食物不仅仅是简单的充饥之物，更是恬静温暖的情感载体，快节奏的辛勤劳作之后，闲暇时面对清茶美食，总能唤起那些深藏已久，有关亲情和乡愁的故事记忆。我们对“食在广州”的动漫演绎，是以大众喜闻乐见的形式，对于自身生活状态和文化解读的一种反思和记录，传播于网络更让情怀得以获取广泛共鸣，从而助力于优秀文化的推广。

从作品形式来讲，对造型和色彩的组织运用是塑造美感的基础，而把握基于网络发展起来的新形式与新技巧是获得新鲜阅读体验的有力途径，网络动漫天生具有艺术与技术紧密结合的特点。我们以“食在广州”为题进行创作，实现在主题嵌入下对形式技巧的探索，让艺术语言的加工运用在新时代平台下展现新的姿态。另外，饮食题材作品的创作，是文化综合研究与拓展的一种方式，需要结合历史、经济、地理环境等因素，运用社会学、心理学、民俗学等知识进行思考和分析，再进行艺术加工才能得以推进。因此，该课题的研究实质已经超越了艺术学的单一学科领域，是创作者对社会文化的一场深层探究与认识活动。从与食物相关的人、物、景中，我们体味到广州城市的种种沧桑与历史变迁，感触于人情滋味，将此融于画面，传至线上，是真挚情感和丰富内涵的转移与外化呈现，也是创作者实现情怀表达的有力渠道。

“食在广州”主题的网络动漫是一个内涵丰富、形式多样的研究课题，本项目团队在研究期间进行了切实有效的资料收集和分析，同时在动漫艺术与网络技术结合方面做了大量的实验创作，并及时做了理论分析和总结，所得成效也有一定的呈现。但在课题纵深展开之下，我们越发认识到目前的工作只是抛砖引玉，是相关领域研究的一个开端，而不是终点，其涉及文化之浩瀚与创作领域之深广注定其研究的长效性与发展性，我们也会继续投入时间与精力在相关的主题研究上，期待日后取得更理想的研究进展。

附录：引用网络作品信息

微信公众号“粤饮粤食动漫堂”，
李小敏 指导创作，
上线时间：2017-03，
二维码如右：

电脑端网站“食在广州”，
李小敏 等 制作，
网址：http://lxmlxm.com/diet，
上线时间：2018-06，
二维码如右：

动画短片《鸡公榄》，
李小敏 指导创作，
发布于优酷，
上线时间：2018-07，
二维码如右：

参考文献

[1] 文春梅 . 广府味道 [M] . 广州：暨南大学出版社，2011 .

[2] 陈泽泓 . 广府文化 [M] . 广州：广东人民出版社，2007 .

[3] 郑通扬 . 人文广东：在行走中品读岭南文化 [M] . 广州：广东旅游出版社，2005 .

[4] 孙全治，林占生 . 旅游文化 [M] . 郑州：郑州大学出版社，2006 .

[5] 赖寄丹 . 时光轴上的味道：广州酒家 80 年 [M] . 广州：岭南美术出版社，2015 .

[6] 郭杰，左鹏军 . 岭南文化研究 [M] . 北京：清华大学出版社，2015 .

[7] 庄臣，文，扬眉，绘 . 寻味广州：广州美食地图 [M] . 广州：广东科技出版社，2013 .

[8] 高木直子 . 不靠谱的饭菜 [M] . 锦小豆，译 . 南昌：百花洲文艺出版社，2017 .

[9] 大话国 . 老广新游之一盅两件 [M] . 广州：广州出版社，2013 .

[10] isolan 麦葵，绘，陈岳远，文 . 识味广州 [M] . 南京：江苏文艺出版社，2013 .

[11] 殷俊，谭玲 . 动漫产业 [M] . 成都：四川大学出版社，2009 .

[12] 姜军，张光帅 . 网络动画设计 [M] . 北京：清华大学出版社，2007 .

[13] 单瑛遐，罗卓君．网络动画设计与制作[M]．北京：中国水利水电出版社，2014．

[14] 弗兰克·托马斯，奥利·约翰斯顿．生命的幻象：迪士尼动画造型设计[M]．方丽，李梁，谢芹，译．北京：中国青年出版社，2011．

[15] 松居直．我的图画书论[M]．郭雯霞，徐小洁，译．上海：上海人民美术出版社，2009．

[16] 赵慧文，张建军．网络用户体验及互动设计[M]．北京：高等教育出版社，2012．

[17] 亚当斯，等．游戏设计基础[M]．王鹏杰，等译．北京：机械工业出版社，2009．

[18] 唐纳德·A 诺曼．设计心理学[M]．梅琼，译．北京：中信出版社，2003．

[19] 艾伦·库伯，等．About Face 4：交互设计精髓[M]．倪卫国，等译．北京：电子工业出版社，2015．

[20] 辛华泉．形态构成学[M]．杭州：中国美术学院出版社，1999．

[21] 左汉中．中国民间美术造型[M]．长沙：湖南美术出版社，1992．

[22] 司徒尚纪．中国南海海洋文化[M]．广州：中山大学出版社，2009．

[23] 曹方．视觉传达设计原理[M]．南京：江苏美术出版社，2005．

后记

广州饮食文化的网络动漫创作研究是一个大而丰富的研究课题，从项目申报到最后结题，前后不过两年，然而，实际工作并不止于这 700 多天，从研学的前期准备到后期总结，汇聚了所有参与者的辛勤努力，也离不开支持者的包容和鼓励。作为高校教师，教研和科研工作往往是紧密关联的，感谢我的工作单位广州大学美术与设计学院，给予了我们有力的平台支撑，学院领导特别是王丹院长在条件有限的情况下，给我们提供了最大的支持，多次参加我们的科研文化活动，还有雷莹教授和徐志伟教授，作为合作者在工作中时常提出宝贵的意见，为本研究的展开提供了强大的精神动力和可靠的技术保障，在此再次致谢！

图1 《畔溪酒家》（陈林铎 绘）

本研究是理论和实践相结合的，包含大量的原创作品，除个人作品外，其余均由本人指导学生团队共同完成，这些作品作为思想和技法的实验产物，既有成功，也有失败，其创作是课题研究中重要的实践环节。这些学生自入学进入我的团队，坚持维系在课题组大家庭中，经过几年的课内外学习和磨炼，专业技法最终从青涩走向成熟，点滴进步历历在目。在学生即将毕业之际，我将部分作品载入本书，以纪念师生共同进步、共同努力的日子，愿各位在日后的专业道路上继续前行，走出各自的精彩。

我近段时间整理稿件，翻出了 2017 年至 2018 年间团队师生参加各类专业创作大赛的材料，作品大部分是围绕本课题创作的漫画，其中多个参加"广东省南粤古驿道文创大赛"的证书显得尤为亲切。该活动由广东省多个厅级部门联合主办，以传承和发展广东地方优秀文化为主旨，为高校师生的创作活动提供了难能可贵的专业资源和交流平台。在本课题开始之时，正逢此大赛首届赛事的展开，课题团队由此获得了各种文化考察及业内展示交流的机会，为本研究提供了更为开阔的视野和专业的指导，从中收获颇丰，无言感激。在此祝大赛越办越好，也期待广东省文化事业在大家的共同努力下蒸蒸日上，百花齐放！

李小敏

2020 年 7 月